# 神经网络入门与实战

于　洋 杨巨成
主编

陈亚瑞 赵婷婷 吴　超
副主编

孙　迪 侯　琳 胡志强
参编

清華大学出版社
北京

## 内容简介

本书共分为9章，第1章介绍神经网络的概念、特点、拓扑结构和应用，第2章介绍感知器模型、处理单元模型、学习策略、局限性和收敛性，第3章介绍BP神经网络，第4章介绍支持向量机，第5章介绍深度学习网络及应用，第6章介绍强化学习，第7章介绍极限学习及应用，第8、9章介绍神经网络在文字识别、语音生成与识别、图像生成与识别等领域的应用。

本书适合电子信息、自动化、物联网工程、计算机科学与技术、人工智能、数据科学与大数据等专业本科生和研究生学习，也可供人工智能领域相关的从业人员学习使用。



**图书在版编目(CIP)数据**

神经网络入门与实战/于洋，杨巨成主编. —北京：清华大学出版社，2020.8
ISBN 978-7-302-57028-8

Ⅰ.①神… Ⅱ.①于… ②杨… Ⅲ.①人工神经网络－基本知识 Ⅳ.①TP183

中国版本图书馆CIP数据核字(2020)第236766号

**责任编辑**：汪汉友
**封面设计**：常雪影
**责任校对**：李建庄
**责任印制**：沈 露

**出版发行**：清华大学出版社
**网　　址**：http://www.tup.com.cn，http://www.wqbook.com
**地　　址**：北京清华大学学研大厦A座　　**邮　　编**：100084
**社 总 机**：010-62770175　　**邮　　购**：010-83470235
**投稿与读者服务**：010-62776969，c-service@tup.tsinghua.edu.cn
**质量反馈**：010-62772015，zhiliang@tup.tsinghua.edu.cn
**课件下载**：http://www.tup.com.cn，010-83470236
**印 装 者**：三河市国英印务有限公司
**经　　销**：全国新华书店
**开　　本**：185mm×260mm　　**印　　张**：8.5　　**字　　数**：195千字
**版　　次**：2020年8月第1版　　**印　　次**：2020年8月第1次印刷
**定　　价**：39.00元

产品编号：067307-01

# 前　言

神经网络技术是现代人工智能最重要的分支，是通过模拟人脑的神经网络来实现类人工智能的机器学习技术和方法。本书讨论的是神经网络的理论基础、算法设计、算法实现，以及工程领域中的应用。

人在思考问题时，神经冲动会在神经突触所连接的无数神经元中传递，信息的处理是由神经元之间的相互作用来实现的。受此启发，人们开始模拟人体大脑的结构和工作机理，即用很多的结点来处理信息。在人工神经网络中，人工神经元、处理元件、电子元件等大量的处理单元被用来模仿人脑神经系统的结构，知识与信息的存储表现为互连的网络元件间的分布式联系，网络的学习和识别取决于和神经元连接权值的动态演化过程。因为在大脑的神经冲动传导过程中不仅有是与非，还存在强与弱、缓与急，所以人工神经网络和大脑还是有区别的。

本书可以作为高校相关专业的本科生或者研究生教材，同时也适合广大的人工智能领域相关的从业人员自学。在学习本书之前，应具有机器学习、模式识别、算法设计与分析等相关知识。

本书共 9 章，主要围绕神经网络的原理与实践进行讲解，在内容上将理论与实践、技术与应用结合，具体如下。

第 1 章介绍了神经网络的概念、特点、拓扑结构和应用。

第 2 章介绍了感知器模型、处理单元模型、学习策略、局限性和收敛性。

第 3 章介绍了 BP 神经网络、神经元模型、BP 神经网络结构、神经网络的数据预处理。

第 4 章介绍了支持向量机、间隔与支持向量、对偶问题、核函数、软间隔和正则化、支持向量回归和核方法。

第 5 章介绍了深度学习网络、深度神经网络、深度卷积神经网络、深度卷积神经网络典型结构、卷积网络的层和深度卷积神经网络在图像识别中的应用。

第 6 章介绍了强化学习、问题模型、无模型化强化学习方法、模型化强化学习方法和深度强化学习。

第 7 章介绍了极限学习、极限学习算法、极限学习的改进、极限学习的应用。

第 8 章介绍了 TensorFlow 机器学习平台的起源、简介、特征、使用对象、环境及兼容性、其他模块。

第 9 章介绍了神经网络在图像处理、信号处理、模式识别和机器控制方面的应用。

本书的主要分工如下：侯琳主要负责第 1 章的编写；于洋主要负责第 2 章、第 8 章和第 7 章部分内容的编写，以及本书的主要统稿和审稿工作；孙迪主要负责第 3 章的编写；

陈亚瑞主要负责第 4 章的编写；胡志强主要负责第 5 章的编写；赵婷婷主要负责第 6 章的编写；杨巨成主要负责第 7 章的编写，以及本书的主要审稿工作；吴超主要负责第 9 章的编写。

在杨巨成教授的指导下，本书在编写过程中才得以克服很多技术上的难点。同时，感谢天津科技大学人工智能学院张灵超、王晓靖、王洁、韩书杰、魏峰、邱润泽为本书所做的工作。最后，还要感谢参考文献的作者，他们的成果使得本书的学术水平得以提升。

由于相关技术的发展日新月异，本书难免有不足之处，希望读者批评指正，提出宝贵的修改意见。

作　者

2020 年 8 月

# 目 录

# 第 1 章　概　　述

人脑是如何工作的？人脑的神经元能否被模拟制作出来？多少年来，科学家们试图从生物学、医学、生理学、计算机科学、哲学等多个角度认识并解答上述问题。在探寻问题答案的过程中，逐渐形成了“人工神经网络”这个交叉学科。人工神经网络能够反映人脑功能的基本特性，将人工神经元按照不同的方式连接成一个网络，然后通过模拟大脑神经网络处理和记忆信息的方式进行工作。人工神经网络的研究涉及众多的学科领域，这些领域互相结合、相互渗透、相互推动，是一门前沿学科。

## 1.1　人工神经网络简介

### 1.1.1　人工神经网络的基本概念

人脑作为处理信息的实体，能够从外部环境接收和处理信息，形成外部现象的内部模型。神经细胞是构成神经系统的基本单元，即神经元。在人类的大脑皮层中大约有 100 亿个神经元，60 万亿个神经突触以及它们的连接体。神经元作为大脑基本的信息处理单位，可以独立产生、接收、处理和传递信号。每个神经元都可以通过不断激励的方式，与成百上千个神经元建立连接并发送信号。神经元主要由细胞体、轴突和树突 3 个部分组成，具体如图 1-1 所示。

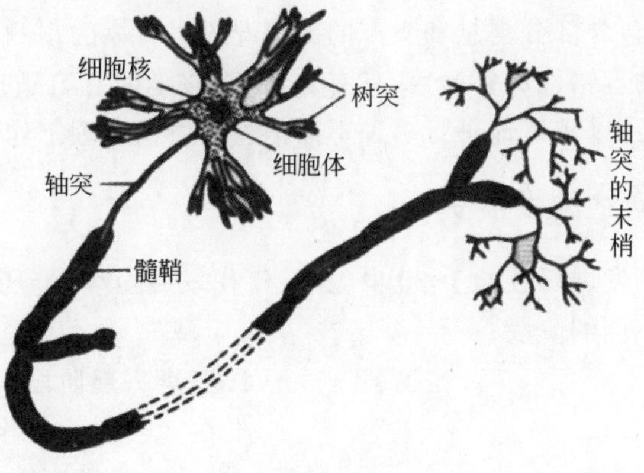


图 1-1　神经元组成结构

树突多呈树状分支，由细胞体向外伸出，树突可以接受刺激并将冲动传给细胞体。轴突是由细胞体向外伸出的一条粗细均匀、表面光滑的分支，用于传输神经冲动。末端常有分支，称为轴突终末，轴突末端常有分支，称为轴突末梢，将冲动从细胞体传向末梢。神经元之间通过轴突和树突相互连接，其接口称为突触。神经突触是调整神经元之间相互作用的基本结构功能单元。

作为处理信号的基本单元，神经元具有以下功能。

**1. 时空整合功能**

神经元具有时间和空间的整合功能。时间整合的功能主要体现在神经元可以在不同时间，通过同一突触传入的神经冲动；空间的整合功能主要体现在神经元能够在同一时间，通过不同突触传入的神经冲动。

**2. 脉冲与电位转换**

沿神经纤维传递的电脉冲是离散信号，细胞电位的变化是连续信号。在突触接口处进行数模转换，因此突触界面具有脉冲-电位信号的转化功能。

**3. 突触延迟和不响应期**

突触在两次神经冲动响应之间有一个时间间隔，在间隔内，对神经冲动不传递、不响应。

**4. 具有兴奋与抑制状态**

当传入冲动的时空整合结果使细胞膜电位升高，超过动作电位的阈值时，细胞就会转换到兴奋状态，从而产生神经冲动；相反，细胞膜电位低于阈值时，细胞就会进入抑制状态，就不会产生神经冲动。

**5. 可塑性**

可塑性是指神经元可以产生新突触以及能够调整现有突触的状态，正是因为具有可塑性，大脑的神经网络才具有适应周围环境的能力。

大脑可以完成很多复杂的工作，人工神经网络就是通过模拟生物大脑的结构和功能构成的一种信息处理系统。人工神经网络的定义比较广泛，它是相互连接的神经元的集合，由大量神经元通过极其丰富和完善的连接而构成的自适应非线性动态结构。这些神经元逐步从环境（数据）中学习，从而可以从错综复杂的数据中捕获本质的线性和非线性的趋势，以便能够为包含部分信息和噪声的新情况提供可靠的预测。在应用过程中，人工神经网络具有很强的容错性和鲁棒性，具有自组织、自学习和自适应性，能同时处理定量和定性的信息，从而可以较好地进行多种不同信息的协调处理工作。

## 1.1.2 人工神经网络的发展史

人工神经网络的发展历程始于 20 世纪 40 年代发展至今，经历了兴起、低迷、高潮发展和稳步发展几个不同的阶段。

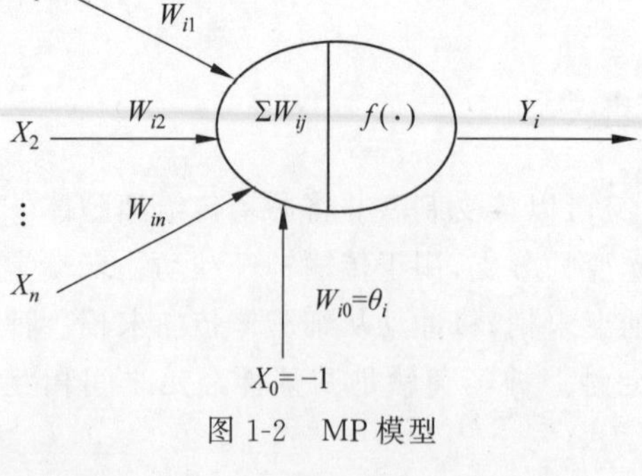


图 1-2 MP 模型

**1. 初期兴起阶段**

早在 20 世纪 40 年代，心理学家 W. S. Mcculloch 和数理逻辑学家 W. Pitts 合作，从人脑信息处理的观点出发，概括了生物神经元的一些基本生理特性，提出了第一个神经网络的运算模型，即神经元的阈值元件模型，简称 MP 模型，如图 1-2 所示。图中，$X_i$（$i=1,2,\cdots,n$）表示来自与当前神经元连接的其他神经元传递的输入信号，$W_{ij}$（$j=1,2,\cdots,n$）

表示从神经元 $i$ 到神经元 $j$ 连接的强度或权值，$\theta_i$ 为神经元的激活阈值，$\sum W_{ij}$ 表示将 $W_{ij}$ 累加求和，$Y_i = f(\cdot)$ 表示 MP 模型的输出信号。MP 模型是从逻辑功能的角度来描述神经元的。

在 MP 模型中，脑细胞的活动就像开关，细胞可以按各种方式相互结合，进行各种逻辑运算。因此，用于逻辑运行的网络也可以模拟大脑的工作方式，由一些结点相互联系，从而构成一个简单的神经网络模型。虽然形式神经元的功能较弱，但由于网络中包含了较多的神经元以及神经元之间联系较为广泛，同时神经元还具备并行计算的能力，所以网络具有强大的计算能力。这是第一个使用数理语言描述人类大脑信息处理过程的模型，开创了对人工神经网络的理论研究。此模型沿用至今，为以后的研究工作提供了依据。

1949 年，心理学家 Hebb 在 *The Organization of Behavior* 一书中对神经元之间连接强度的变化规则进行了分析，并提出了著名的 Hebb 学习规则。Hebb 学习规则的基本思想是，大脑的学习过程是在突触上发生的，突触的联系强度是学习和记忆的基础，其强化过程导致大脑自组织形成细胞集合，任何一个神经元都会同属于多个不同的细胞集合。如果两个神经元处于同一状态，表明两个神经元对问题响应具有一致性，那么它们之间的联系应该被强化；反之，它们之间的联系应该被减弱。Hebb 学习规则属于无监督学习算法的范畴，主要是通过两个神经元之间的激发状态来调整其连接关系，从而达到模拟简单神经活动的目的。

1958 年，计算机学家 Rosenblatt 等人基于 MP 模型，成功研制出了代号为 Mark Ⅰ的感知器模型，该模型运用了现代神经网络的基本原理，是历史上第一个将人工神经网络的学习功能用于模式识别的模型。

**2. 低迷期**

人们认为，只要将神经元互连成一个网络，就能够解决人脑思维的模拟问题。随着对感知器研究的不断深入，Minsky 和 Papert 从数学的角度证明了单层神经网络的功能具有局限性。1969 年，他们在联合出版的 *Percertrons* 中提出凭借单层网络训练无法得到很多复杂函数关系，单层神经网络的处理能力非常有限，甚至连简单的异或问题也无法解决。这一理论的出现，导致很多研究人员放弃了对该领域的研究，美国和苏联也在此之后很长一段时间停止资助神经网络方面的研究工作。与此同时，在人工智能模拟中，以功能模拟为目标的另一个分支出现了转机，伴随着微电子技术的迅速发展，很多研究人员把注意力转向了人工智能和数字计算机的应用方面，导致对神经网络的研究陷入了低潮。

即便如此，仍然有一些科学家坚持在相应领域进行研并取得了比较显著的成果，比如 Werbcs 提出的 BP 理论、Fukushima 提出的视觉图像识别模型、Arbib 的竞争模型、Kohonen 的自组织映射、Grossberg 的自适应共振模型、Rumellhart 的并行分布处理模型等。后来证明，要想突破单级感知器线性不可分的问题，就需要采用功能更强大的多级网络。这样，一系列神经网络模型被建立起来，形成了神经网络的理论基础，也为掀起第二次高潮做好了准备。

**3. 第二次高潮期**

1982 年，美国加州理工学院的 Hopfield 提出了循环网络的概念，他使用电阻、电容和运算放大器等元件组成的模拟电路来描述人工神经元，并将 Lyapunov 函数作为判定人工神经网络性能的能量函数，总结了神经网络与动力学的关系，建立了神经网络稳定性的判定依据，指出了信息应存储在人工神经元之间的连接权上。这一成果使人工神经网络的研究取得了突破性进展。

1984 年，Hopfield 提出了连续和离散的神经网络模型，并采用全互连型网络尝试对非多项式复杂度的旅行商问题（TSP）进行了求解，引起了较大的轰动，促使了神经网络第二次高潮期的到来。

1985 年，Hinton 等科学家对 Hopfield 模型引入了随机机制，提出了 Boltzman 机。

1986 年，以 Rumelhart 和 McCelland 为首的科学家小组对多层网络的误差反向传播算法进行了详尽的分析，进一步推动了 BP 算法的发展，较好地解决了多层网络学习的问题。1989 年，Cybenko、Funahashi 等人也相继对 BP 神经网络的非线性函数逼近性能进行了分析。

1987 年，在美国加州举行了第一届神经网络国际会议。从 1988 年开始，国际神经网络学会和 IEEE（美国电气和电子工程师协会）每年都会召开一次国际学术会议并于 1990 年开始出版会刊，这标志着神经网络的理论和实际研究都进入了一个蓬勃发展的时期。

我国于 1989 年召开了一个非正式的神经网络会议。1990 年在北京召开了首届神经网络学术大会，标志着我国神经网络研究领域的发展开始走向全世界。

**4. 展望期**

20 世纪 90 年代后，虽然神经网络发展态势良好，但是还有许多关于神经网络的问题等待解决。由于人们更加注重神经网络与其他技术学科之间的联系，从而产生了不少新的理论和方法。

进入 21 世纪，国内外科学家在神经网络的理论和实践研究上都取得了很多突破性的成果。神经网络理论在众多领域也取得了广泛的成功，但是神经网络训练算法一直制约其发展。Hinton 等人于 2006 年提出了深度学习的概念，他们基于“逐层预训练”和“精调”的两阶段策略，解决了深度学习中网络参数的训练的问题。

未来基于神经网络的研究还可能要面临一些挑战和问题。

(1) 对神经网络的认知。虽然目前神经网络在语音和视频识别领域中显现出很大的优势，但是人工神经网络的结构还远远不及生物神经网络结构复杂，现阶段仍然处于对生物神经网络的初级模拟，这也是制约神经网络发展的瓶颈之一。所以，如何对脑科学和神经认知科学进行借鉴，发展出功能更为强大的计算模型是将来神经网络发展的方向之一。

(2) 实现复杂神经网络。能否使用大数据进行快速、高效的训练是深层神经网络实现实用化的标志之一。Hadoop 平台不适合进行迭代运算，SGD 不能并行工作。同时，平台的能耗问题也是制约进一步发展的因素。因此，开发高性能并行计算平台成为当务之急。

(3) 大数据深度学习。大数据技术引发了深度学习研究的兴起，神经科学与众多工程应用领域的结合，产生了呈指数增长的海量复杂数据，它们以多种不同的形态被呈现出来。这给统计学习意义下的神经网络的训练算法、参数选取等方面都提出了新的挑战。因此，如何利用大数据设计有效的深度神经网络模型是深度学习研究中的难题。

对于人工神经网络的研究，正朝着综合性的方向发展，它与其他领域联系地越来越紧密，在众多领域都取得了巨大的成功。随着人们对各个领域的不断深入研究，其发展和应用空间必将日益广阔。

### 1.1.3 神经网络的研究内容

神经网络的研究内容非常广泛，具有多学科交叉的特点，具体如下。

(1) 神经网络的生物学研究。神经网络的生物学研究是从生理学、脑科学、解剖学等生物学科方面入手，研究神经元细胞、神经系统和神经网络的功能结构与工作机理。

(2) 在生物学的研究的基础上建立神经网络的理论模型。神经网络的理论模型主要用于分析神经网络结构和功能，可以从定性、定量、微观、宏观等各种角度对其进行描述。进行这方面研究主要是建立神经元和神经网络的概念模型、数学模型和知识模型。

(3) 算法研究。算法研究是在所建理论模型基础上，用计算机进行模拟，其中包括对各种学习算法的研究。

(4) 神经网络应用系统。神经网络应用系统是在对模型和算法进行研究的基础上，组建实际的应用系统，完成信号处理或模式识别等功能。

从神经网络的研究方法看，目前尚未实现统一和完整的理论体系，算法的性能评价主要依赖于实验结果。另外，神经网络的硬件实现也遇到不少困难，目前来看，借助计算机采用并行处理的方法仍会继续发挥作用。

## 1.2 神经网络的特点

**1. 具有较强的容错和联想能力**

在人工神经网络中，一个信息被分布存储在不同位置。大量神经元之间的连接及各连接权值的分布可以用来表示神经网络中的特定信息。当某一个点或者某几个点被损坏时，信息仍然可以被存取。信息的分布存储使得人工神经网络具有良好的容错和联想能力，主要表现在以下两个方面：一方面，当神经网络局部受损或输入信号因各种原因发生部分畸变时，系统的整体性能不会受到影响；另一方面，神经网络可以根据一个模糊或者不完整的信息联想出存储在记忆中的某个清晰、完整的模式，因此神经网络得出的是最优解而非精确解。

**2. 具有大规模并行协同处理信息的能力**

神经网络具有高度的并行结构和并行实现能力，神经网络中的每一个神经元都能够对接收到的信息进行独立的运算和处理。虽然单个神经元的处理能力比较有限，但是大量神经元的并行活动可以使网络具有较快的速度和较强的功能。神经网络可以同时计算出位于同一层中的各个神经元的输出结果，并将结果传输给下一层做进一步处理。这体现了神经网络并行运算的特点，使神经网络具有非常强的实时性。

**3. 具有自学习能力和自适应性**

神经网络可以根据所在的环境改变它的行为。神经网络接受用户提交的样本集合，然后不断对算法进行修正，确定系统行为的神经元之间的连接强度。在神经网络中，权值被用来表示神经元之间的连接强度，随着对训练样本的学习，权值也会不断地产生变化。

随着训练样本量的增加和反复地学习，神经元之间的连接强度也会不断增强。所以，通过对历史数据的学习，可以训练出一个对全部数据具有归纳功能的神经网络。

## 1.3 神经网络的结构

生物神经网络一般由上亿个生物神经元连接而成，从而完成对外部世界信息的感知、记忆、学习和处理等。同样，在神经网络中，单个神经元不能处理输入的信号，要让整个神经元网络中的每个神经元的权值按照一定的规则变化，才能实现对神经网络的功能要求。神经网络具有多种连接方式和拓扑结构，但总体来说只有分层型和互连型两种连接方式。

分层型网络是将神经网络中的所有神经元按照功能分成若干层，一般具有输入层、中间层和输出层，具体功能层次如图 1-3 所示。

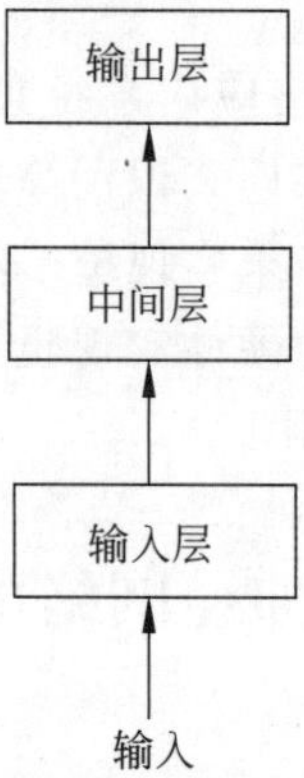


图 1-3　分层型网络的功能层次

分层型网络的拓扑结构可以分为简单前馈网络、反馈型前馈网络和内层互连前馈网络，如图 1-4 所示。

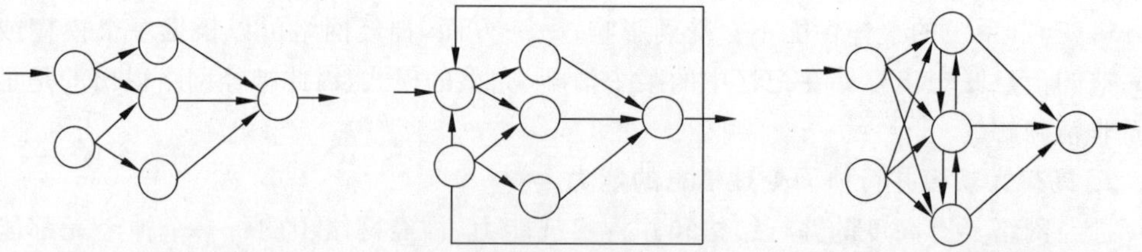

(a) 简单前馈网络　(b) 反馈型前馈网络　(c) 内层互连前馈网络

图 1-4　分层型神经网络的拓扑结构

互连型神经网络的拓扑结构如图 1-5 所示。在网络中，任意两个神经元都是相互连接的，从而构成全互连结构。如果神经元不全是彼此互连的，也可以构成局部互连型神经网络。

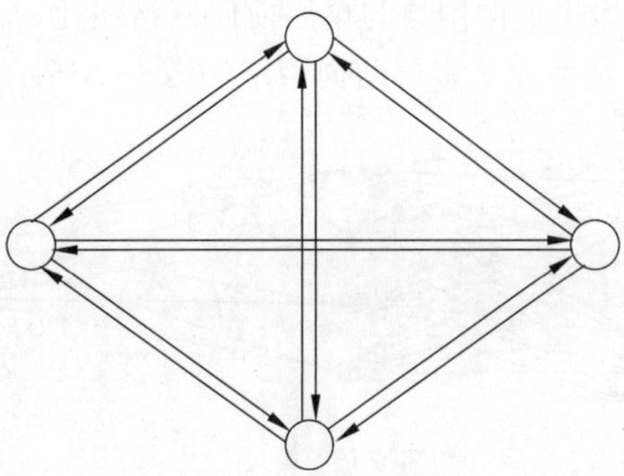

图 1-5　互连型神经网络的拓扑结构

## 1.4　人工神经网络的分类

从不同的角度出发，人工神经网络可以被划分成多种不同的类型。

(1) 若按照网络拓扑结构进行划分，可将人工神经网络分成无反馈网络和反馈网络。

(2) 若按照网络性能结构进行划分，可将人工神经网络分为离散型网络、确定型网络和随机型网络。

(3) 若按照网络的学习方法进行划分，可将人工神经网络分为有导师学习网络和无导师学习网络。

(4) 若按照突触的连接性质进行划分，可将人工神经网络分为一阶线性关联网络和高阶非线性关联网络。

根据网络结构和学习算法，可以将人工神经网络分为以下几类。

(1) 单层前向网络。单层前向网络是指网络中的所有神经元是单层的，该网络接受输入向量 $\boldsymbol{x}$：

$$\boldsymbol{x}=(x_1,x_2,\cdots,x_n)$$

经过变换后输出向量 $\boldsymbol{y}$：

$$\boldsymbol{y}=(y_1,y_2,\cdots,y_n)$$

如图 1-6 所示，从表面上看，该网络是一个两层网络，但是由于输入层的神经元对输入信号不做任何计算处理，所以在计算网络层数时，习惯把该网络看作是一层的。

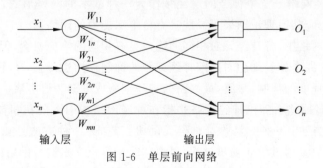

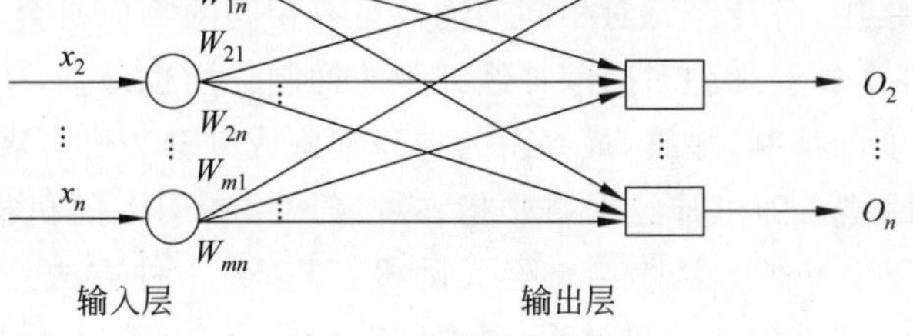


图 1-6　单层前向网络

(2) 多层前向网络。多层前向网络与单层前向网络相比,会多一个或多个隐藏层,隐藏层中的结点被称为隐含神经元。多层前向网络如图 1-7 所示。

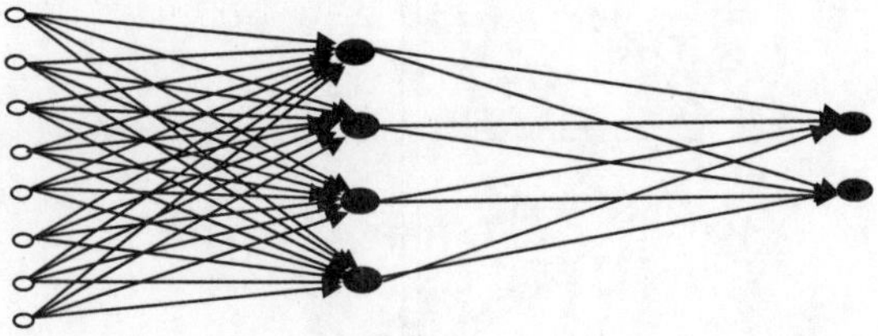

图 1-7　多层前向网络

在图 1-7 所示的网络中,输入层含有 8 个神经元结点,隐藏层有 4 个神经元结点,输出层有 2 个神经元结点。其中,输入层中每个结点组成了第二层中结点的输入信号,第二层输出信号称为第三层的输入信号。信号从输入层输入,经过隐藏层传输到输出层,最终由输出层完成信号的输出。

(3) 反馈网络。反馈网络是指在网络中至少含有一个反馈回路的神经网络,反馈网络中的神经元可以将其自身的输出信号反馈给其他神经元,作为其他神经元的信号输入,反馈网络如图 1-8 所示。

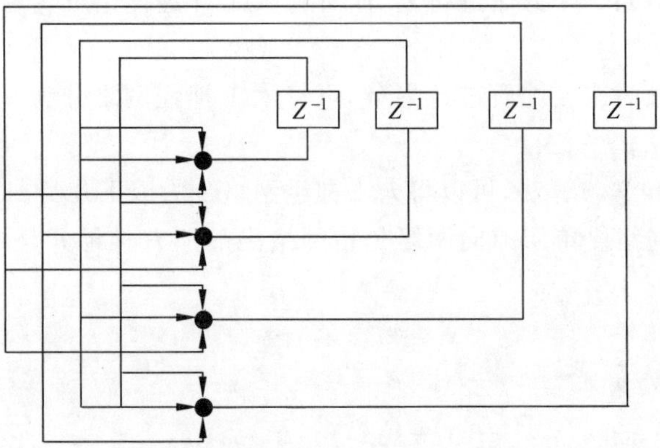

图 1-8　反馈网络

(4) 竞争神经网络。竞争神经网络经常作为一种基本的网络形式,构建其他如自组织映射网络、自适应共振理论网络等一些具有自组织能力的网络。

在竞争神经网络中,各神经元对相同的输入具有相同的响应机会,但产生的兴奋度是不同的,最兴奋的那个神经细胞对周围神经细胞的抑制作用也最强,从而使其他神经元的兴奋得到了最大程度的抑制,最终,最兴奋的神经细胞成则会为胜利者。

(5) 随机神经网络。随机神经网络是指在神经网络中引入随机机制,给神经元赋值的过程分为两种方法:一种方法是给神经元随机权重;另一种方法是在神经元之间分配随机过程传递函数。通过引入随机过程、概率和能量等概念来调整网络的变量,从而使网络达到全局最优。在随机神经网络中,每个神经元的兴奋或抑制都具有随机性,其概率取决于神经元的输入。

## 1.5 人工神经网络的学习方式

人工神经网络与生物神经网络的学习方式相似，都需要经过学习，才会具备智能特性。神经网络的学习方法主要有 3 种形式，分别是有监督学习、无监督学习和强化学习。

**1. 有监督学习**

有监督学习是指在有监督指导和考查的情况下进行学习的方式，使用这种学习方式，必须预先知道学习的期望输出，并依此按照特定的学习规则来修正权值，如图 1-9 所示。

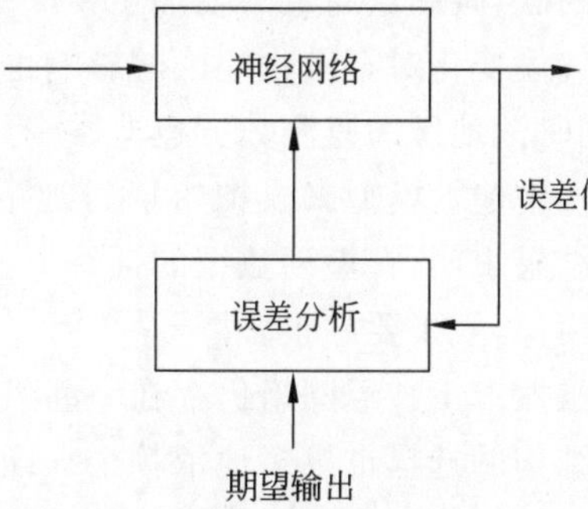

图 1-9 有监督学习

**2. 无监督学习**

无监督学习是指没有任何监督指导和学习过程，一切学习都是靠神经网络自身完成的，学习方式如图 1-10 所示。

无监督学习更像是让机器进行自学，只给定输入信息，再根据特有的学习规则和网络结构来组织调整自身的参数和结构，自学习并给出一定意义下的输出响应。

**3. 强化学习**

强化学习介于有监督学习和无监督学习之间，学习方式如图 1-11 所示。

图 1-10 无监督学习

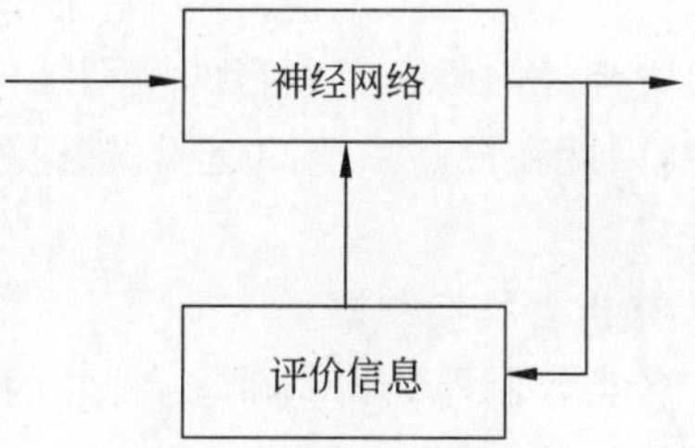

图 1-11 强化学习

对于学习后的输出结果只给出评价信息（奖或惩），不会给出正确答案。神经网络通过强化受到奖励的行为来改善自身的性能。神经网络无论使用哪种学习方式，都会遵守一定的规则，典型的学习规则有 Hebb 学习规则、误差纠正学习规则和竞争学习规则等。

## 1.6 人工神经网络的应用

随着神经网络理论的不断深入发展，神经网络的应用领域日益广泛，由于神经网络具有非线性特征，大量的并行分布结构以及学习和归纳能力，使其在信号处理、模式识别、自动控制、优化处理、人工智能等领域不断显示出优越性能。

### 1.6.1 人工神经网络在全球气候变化中的应用

如今，人们对全球气候变化和生态环境问题日益关注，使得人工神经网络在气候变化中的应用也发挥着重要作用。季节性温度和降水的变化情况会对流域中碳、磷和氮等的研究产生重要影响，可以利用神经网络对河流水内的每日的总有机碳、全氮、全磷通量进行建模，从而对未来气候变化情况下的通量采用数值模拟。通过这种方式，最终发现河流中的碳、磷和氮通量的增加主要取决于径流量的变化而不是浓度的变化。

气候变化对石漠化地区的影响也不容忽视。例如喀斯特地形的含水层是高度非匀质的，同时该地区的监测数据也非常少，因此为了保护和利用喀斯特地下水资源，可以利用神经网络建立模型来模拟喀斯特地下泉水流量，从而更好地了解喀斯特地下水文过程。研究结果表明，在短期数据的训练下，人工神经网络的稳定性不如长期数据，但较之前的传统模型，效果要好很多。

虽然人工神经网络仍存在一些风险和不足，例如对模型参数要求具有更高的灵敏度，网络结构的选择也更多地依赖个人经验等，但是神经网络也具有其独特的优势，例如在处理非线性问题上会优于许多传统方法，短期预测的研究结果精确度往往会高于中长期预测，等等，因此在全球气候变化和生态环境问题的研究中，神经网络具有很大的应用潜能。它能够在实际测量过程中，在环境比较困难或者数据不完整的情况下，完成传统方法所不能解决的问题。相信人工神经网络在不久的将来会在全球气候变化和生态学研究中得到更多的应用和发展。

### 1.6.2 人工神经网络在控制系统中的应用

由于神经网络具有独特的模型结构和非线性模拟能力，同时还具备高度的自适应和容错性，因此在控制系统的建模、辨识和控制中取得了广泛的应用。主要的应用形式有以下几种。

**1. 充当各类控制器**

在各类控制器结构基础上，神经网络加入了非线性的自适应学习机制，从而使得控制器具备更好的性能。

(1) 最优决策控制。在这种控制模型中，会有两组神经网络，其中一组被用于进行控制器输入信号的矢量化，另一组则根据矢量化结果进行分类，充当分类器，对合适的控制信号进行输出。

(2) 直接逆模控制。建立被控对象的逆向模型，当被控对象的参数发生变化时，该类型控制器可以进行在线的学习调整，从而使得控制器具有一定的鲁棒性。

(3) 模型参考控制。对参考模型的输入和输出的数据进行学习，产生控制信号，使被控系统的输出值逐渐趋向参考模型的输出。它们之间的误差被用来当作控制器网络的训练数据。

**2. 系统的模拟和辨识**

当被控系统的输入和输出映射为一对一时，可以通过多层前馈网络提供该非线性被控对象的直接逆向模型。当前馈映射不是一对一时，可以采用指定性逆向学习方法，同样可以找到一个特定的逆向模型。

### 1.6.3 人工神经网络在疾病预后研究中的应用

疾病的预后会受到多种因素的影响，各因素之间也会互相影响，一般都会存在复杂的交互关系。为了能够了解疾病的发展态势和影响疾病预后的各种因素，通常会采用多种不同的预测方法建立疾病预测模型，从而可以达到对疾病的发展趋势进行预测的目的。由于人工神经网络对变量无特殊要求，又具有高度的并行性、容错性、自组织性和非线性处理能力，因此能够在疾病预后工作方面得以应用。

人工神经网络在疾病预后工作中的应用主要有两方面：一是通过分析疾病的预后影响因素，建立预后因素与疾病结果之间的内在关系；二是预测患者对药物治疗的反应，预测个体化治疗的药物最佳剂量等。

**1. 神经网络能够对疾病预后因素进行分析以及对疾病结果进行预测**

通过建立神经网络模型分析疾病预后因素，对疾病结果进行预测，主要包括两部分：一是对预后因素进行分析，遴选出对结果影响较大的因素作为输入变量，即能够实现输入变量的选择；二是根据选定的预后因素建立模型对疾病结果进行预测，从而实现输入变量向输出变量的转化。

**2. 神经网络模型能对治疗疾病的药物反应以及个体化药物剂量进行预测**

国际上有通过建立神经网络预测干扰素治疗慢性丙型肝炎患者的反应的案例，结果显示神经网络模型对干扰素治疗反应的预测精度高，能够很好地实现个体化预测。药物剂量的预测主要是应用于个体化治疗反应差别较大的药物，很多研究结果显示神经网络模型预测结果与实际维持剂量相近，可以给出一个合理的预测值。

除此之外，神经网络在实际生活中也有很多方面的应用，举例如下。

在航空航天业领域，神经网络可用于飞行轨道模拟、飞机构件模拟、飞机构件故障检测、自动驾驶仪增强器等方面。

在信息处理领域，神经网络具有很高的容错性和鲁棒性，即便系统遭到破坏，它仍能处在优化工作状态。主要的应用有智能仪器、自动跟踪监测仪器系统、自动控制制导系统等。

在国防工业领域，神经网络可用于目标跟踪、物体识别、雷达图像信号处理、特征提取与噪声抑制、图像信号识别等方面。

在交通领域，交通运输问题是高度非线性的，数据通常是复杂而且大量的，神经网络的应用范围涉及对驾驶员行为的模拟、车辆检测与分类、交通模式分析、货物运营管理、交通流量预测、运输策略、地铁运营及交通控制等方面。

在金融领域，神经网络可用于固定资产评估、信用曲线分析、抵押审查、集团财政分析、法人资产分析等方面。

在制造业领域，神经网络主要用于产品设计与分析、可视化质量检测、计算机芯片质量分析、机器保养分析、化学产品质量分析、焊接质量分析、工程投标、实时微粒识别、过程控制等方面。

在医学领域，神经网络主要用于假体设计、乳腺癌细胞分析、修复术设计、提高医疗质量、移植时间最优化等方面。

神经网络在很多应用领域中取得了大量的成果，这充分说明神经网络具有旺盛的生命力。虽然对神经网络的理论研究有着非常广阔的发展空间，但同时也充满各种挑战，还需要不断完善。同时也要注重与其他学科的结合，如将量子力学、混沌理论等学科与神经网络技术相结合，相信神经网络技术一定会发展成为日趋成熟，应用范围日趋广泛的学科。

# 第 2 章 感 知 器

自 2017 年阿尔法狗(AlphaGo)击败职业围棋选手、战胜围棋世界冠军,人工智能、大数据、机器学习、深度学习、神经网络等词汇也随之成为人们热议的焦点,以人工智能为主题的创新创业公司也如雨后春笋般相继涌现。关于人工智能的概念,自从计算机诞生之初就有。1936 年艾伦·图灵(Alan Turing)提出了著名的图灵机(Turing machine)的设想,在十多年后,其为了明确机器是否具备智能提出了著名的图灵测试。因此,在已经过去的半个多世纪里,人工智能早已不算是新鲜的话题。许多好莱坞大片都不吝以此概念作为噱头,例如《机器人总动员》《机器人劫难》《我》《机器人》《我的女友是机器人》《终结者》《人工智能》《2001 太空漫游》《黑客帝国》《黑客危机》《机械战士》《机械姬》《超能陆战队》等。虽然已经步入 21 世纪,人们听到人工智能的概念时,仍然会感到兴奋不已,因为这是第一次依靠科技的力量让人们感受到科幻与现实离生活越来越近,也正是在这个信息高度聚合与高速传播的时代,使人类与机器智能零距离接触,使人类实现了智能化生活的科幻梦。

人工智能的底层模型是神经网络(neural network)。许多复杂的应用(比如模式识别、自动控制)和高级模型(比如深度学习)都基于它。学习人工智能,一定是从学习神经网络开始。目前,人工智能研究最热门的领域就是神经网络。神经网络的计算模型是一种信息处理结构,从数据中学习知识,已经成为神经网络的最重要的属性。这些技术在营销、工程等诸多领域取得了巨大的成功。

接下来,从神经网络中最基础的模型——感知器(perceptron)出发,去探索神经网络的奥秘,通过感知器正式开始入门人工智能这个领域,了解人工智能真正的模样。人类在统计与概率的基础上建立起了人工智能这么一套体系。虽然人工智能的内容涵盖很广泛,但是其主线脉络却是明确的,从发现问题,分析问题再到解决问题,在发展出的那一套基础框架下,人工智能在众多的领域遍地开花,产生了许许多多应用于不同领域的奇思妙想。因此我们在追逐学科前沿,面对众多令人眼花缭乱的模型或算法时,夯实自己的基础,提升自己发现问题并解决问题的能力显得十分重要。

感知器是一种人工神经网络中的典型结构,由 Frank Rosenblatt 于 1957 年发明,如图 2-1 所示感知器可以模拟人类感知能力的机器,并称之为感知器。他也提出了相应的感知器学习算法。神经网络类型众多,其中最为重要的是多层感知器。多层感知器中的特征神经元模型被称为感知器。

感知器的主要特点是结构简单,对所能解决的问题存在着收敛性,并能从理论上得到严格证明。感知器对神经网络的研究具有极其重要的推动作用。

虽然最初被认为有着良好的发展潜能,但感知器最终被证明不能处理诸多的模式识别问题。1969 年,Marvin Minsky 和 Seymour Papert 在 *Perceptrons* 一书中仔细分析了以感知器为代表的单层神经网络系统的功能及局限,证明感知器不能解决简单的异或

(XOR)等线性不可分问题，但 Rosenblatt 和 Minsky 及 Papert 等人在当时已经了解到多层神经网络能够解决线性不可分的问题。感知器的基本结构如图 2-2 所示。

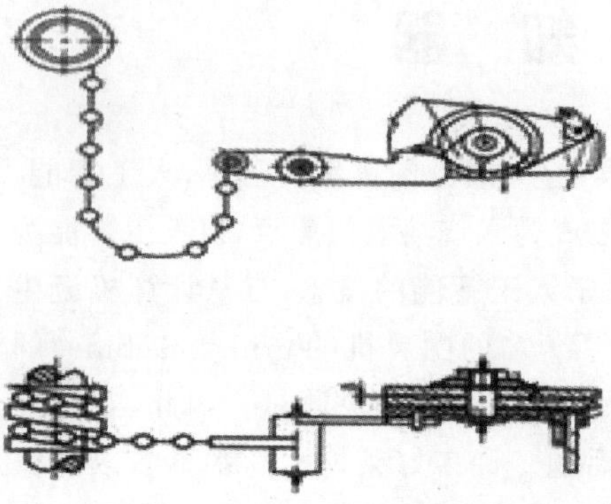

图 2-1　模拟人类感知能力的机器

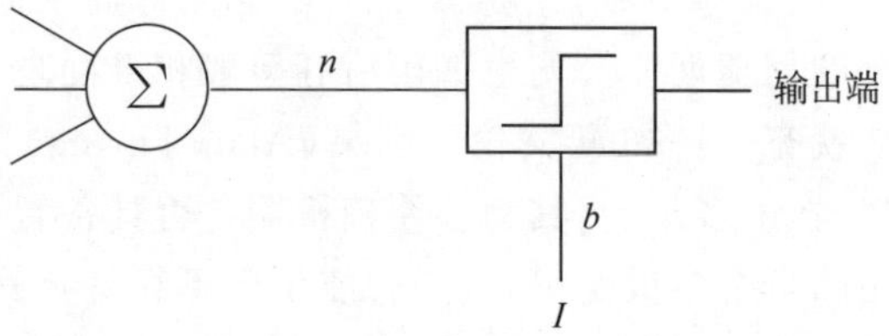



图 2-2　感知器的基本结构

## 2.1　感知器元件

### 2.1.1　神经元

感知器是生物神经细胞的简单抽象，如图 2-3 所示。神经细胞结构大致可分为树突、突触、细胞体及轴突。单个神经细胞可被视为一种只有两种状态的机器——激动时为“是”，而未激动时为“否”。历史上，科学家一直希望模拟人的大脑，造出可以思考的机器。人为什么能够思考？科学家发现，原因在于人体的神经网络。

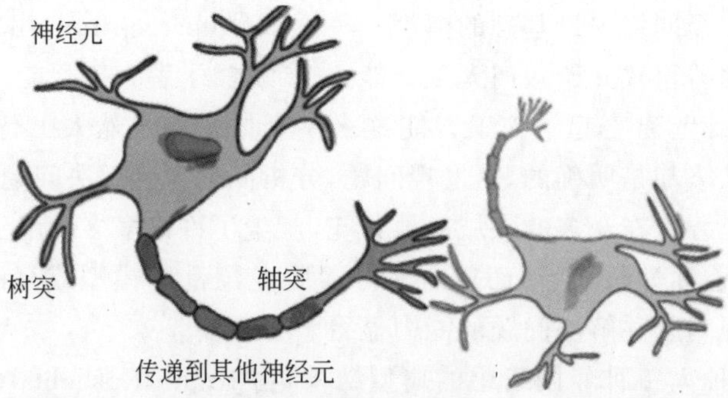



图 2-3　神经细胞示意图

神经细胞的状态取决于从其他的神经细胞收到的输入信号量，及突触的强度(抑制或加强)。当信号量总和超过了某个阈值时，细胞体就会激动，产生电脉冲。电脉冲沿着轴突并通过突触传递到其他神经元。为了模拟神经细胞行为，与之对应的感知器基础概念被提出，如权量(突触)、偏置(阈值)及激活函数(细胞体)。

感知的过程如下：

(1) 外部刺激通过神经末梢，转化为电信号，转导到神经细胞(又叫神经元)。

(2) 无数神经元构成神经中枢。

(3) 神经中枢综合各种信号，做出判断。

(4) 人体根据神经中枢的指令，对外部刺激做出反应。

既然思考的基础是神经元，如果能够人造神经元(artificial neuron)，就能组成人工神经网络，模拟思考。20 世纪 60 年代，提出了最早的人造神经元模型，叫作感知器，直到今天还在用。

神经元是神经网络的主要组成部分，感知器是最常用的模型，如图 2-4 所示。

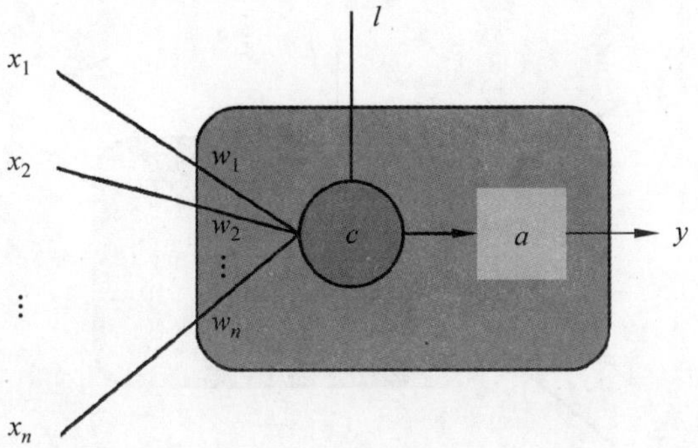


图 2-4　感知器

上述神经元包含下列元素：

输入($x_1, x_2, \cdots, x_n$)。

偏移 $b$ 和突触权重($w_1, w_2, \cdots, w_n$)。

组合函数 $c(\cdot)$。

激活函数 $a(\cdot)$。

输出 $y$。

如图 2-5 所示，若神经元有 3 个输入，将输入的 $\boldsymbol{x}=(x_1, x_2, x_3)$ 变换为单个输出(output)。

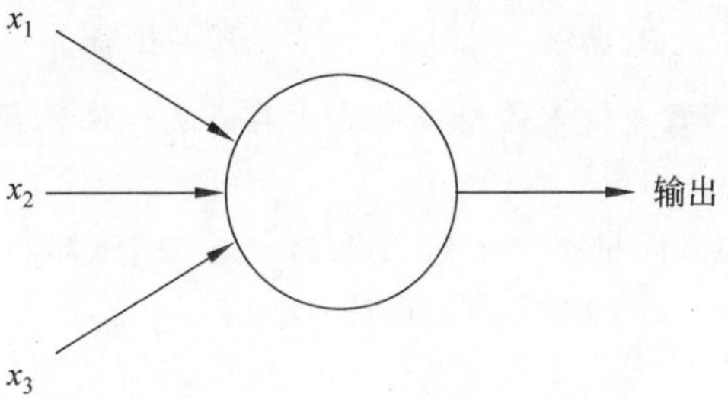


图 2-5　3 个输入的感知器

如图 2-5 中，圆圈就代表一个感知器。它接受多个输入($x_1, x_2, x_3$)，产生一个输出(output)，好比神经末梢感受各种外部环境的变化，最后产生电信号。

为了简化模型，人们约定每种输入只有两种可能：1 或 0。如果所有输入都是 1，表示各种条件都成立，输出就是 1；如果所有输入都是 0，表示条件都不成立，输出就是 0。

### 2.1.2 神经元参数

神经元参数由偏移和一组突触权重组成。

偏置 $b$ 是实数。

突触权重 $\boldsymbol{w}=(w_1,w_2,\cdots,w_n)$是大小为输入数量的向量。

因此，该神经元模型中的参数的总数是 $1+n$，其中 $n$ 是神经元中输入的数量。

如图 2-6 所示的感知器。

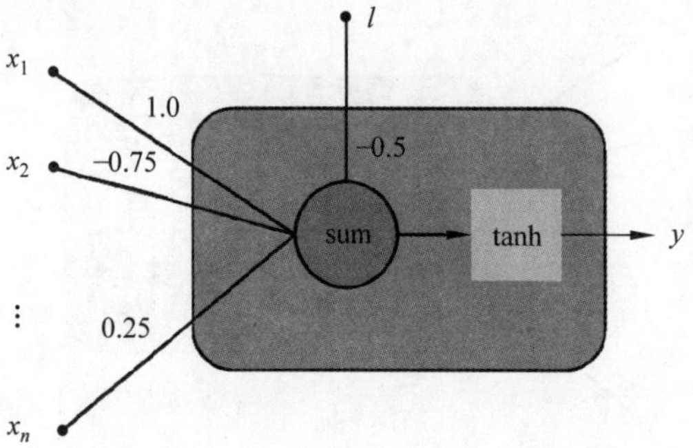


图 2-6 3 个输入的感知器

其神经元模型包含 1 个偏移和 3 个突触权重：

偏移为 $b=-0.5$。

突触权重向量是 $\boldsymbol{w}=(1.0,-0.75,0.25)^{\mathrm{T}}$。

该神经元参数数量为 $1+3=4$。

### 2.1.3 组合功能

组合函数通过输入向量 $\boldsymbol{x}$ 生成组合值或净输入 $c$。感知器中，组合由偏移加上突触权重和输入的线性组合计算得到

$$c=b+\sum w_i x_i \quad (i=1,2,\cdots,n)$$

**注意**：偏置对激活函数净输入的增减取决于其正负。偏移有时被表示为连接到固定为 $+1$ 的输入的突触权重。

上例中的神经元，输入向量 $\boldsymbol{x}=(-0.8,0.2,-0.4)$的感知器的组合值为

$$c=-0.5+1.0\times(-0.8)+(-0.75)\times 0.2+0.25\times(-0.4)=-1.55$$

### 2.1.4 激活功能

激活函数通过组合来定义神经元的输出。实践当中，可以考虑多种适用的激活函数。3 个最常用的是逻辑、双曲正切和线性函数。在此不考虑不可导出的其他激活函数，如阈值。

逻辑函数呈 S 形。该激活是单调的新月形函数，其在线性和非线性行为之间表现出

良好的平衡。

定义为

$$a=\frac{1}{1+e^{-c}}$$

逻辑函数如图 2-7 所示。

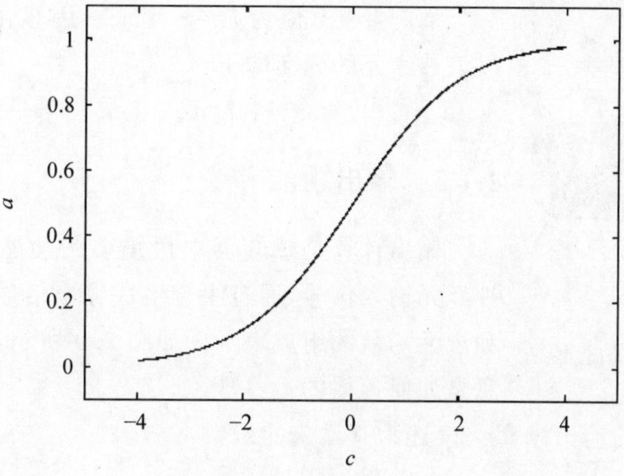


图 2-7　逻辑函数

逻辑函数的取值区间为(0,1)。特别适合分类应用,因为输出可以根据概率解释。

双曲正切也是神经网络领域中常用的 S 形函数。它非常类似于逻辑函数。主要区别是双曲正切的取值区间为(−1,1)。双曲正切由

$$a=\tan[h(c)]$$

双曲正切函数曲线如图 2-8 所示。

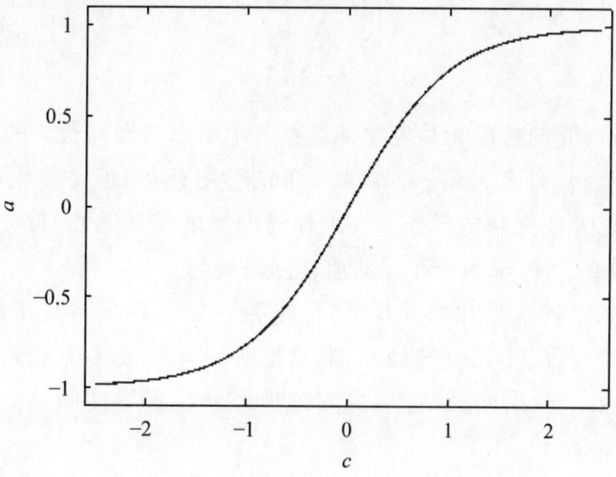


图 2-8　双曲正切函数曲线

超实体正切函数非常适用于近似应用。

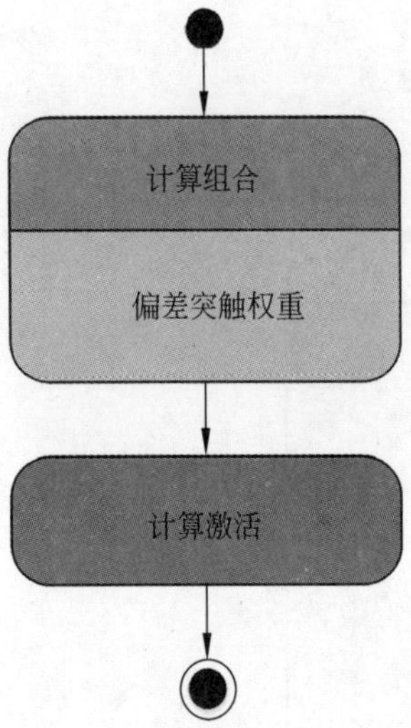

图 2-9　感知器中的信息传播

线性激活函数满足下列等式

$$a = c$$

因此，具有线性激活函数的神经元的输出等于其组合。

线性激活函数也非常适用于近似应用。

举例：组合值为 $c = -1.55$。因该函数为双曲正切，所以该神经元的激活如下：

$$a = \tan[h(-1.55)] = -0.91$$

### 2.1.5　输出功能

输出计算是感知器中最重要的功能。对于特定的一组神经元输入信号，通过组合生成输出信号。输出函数以组合和激活函数的组成表示。如图 2-9 所示，说明了感知器中信息是如何传播的。

因此，神经元的输出 $y$ 最终表述为其输入的函数：

$$y = a(\boldsymbol{b} + \boldsymbol{wx})$$

例如，在感知器中，如果输入

$$\boldsymbol{x} = (-0.8, 0.2, -0.4)$$

输出 $y$ 如下：

$$\begin{aligned} y &= \tan\{h[-0.5 + 1.0 \times (-0.8) + (-0.75) \times 0.2 + 0.25 \times (-0.4)]\} \\ &= \tan[h(-1.55)] \\ &= -0.91 \end{aligned}$$

显而易见，输出函数合并了组合和激活函数。

### 2.1.6　结论

人工神经网络研究的神经元是生物神经系统中单个神经元行为的数学模型。

虽然单个的神经元只能完成一些非常简单的学习任务，但是将大量的神经元组成一个的网络结构，就能完成复杂的任务。人工神经网络的结构是指神经元的数量和它们之间的连接关系。图 2-10 所示为神经元的前馈网络架构。

综上所述，虽然了解了感知器的功能，但是存在特征各异并且用途不同的神经元模型。例如，可伸缩神经元、主成分神经元、非伸缩神经元或概率神经元。在图 2-10 中，可伸缩神经元为 $x_1 \sim x_4$ 所指向的结点，主成分神经元是虚线住的结点，非伸缩神经元为 $y_1 \sim y_3$ 所指向的结点。

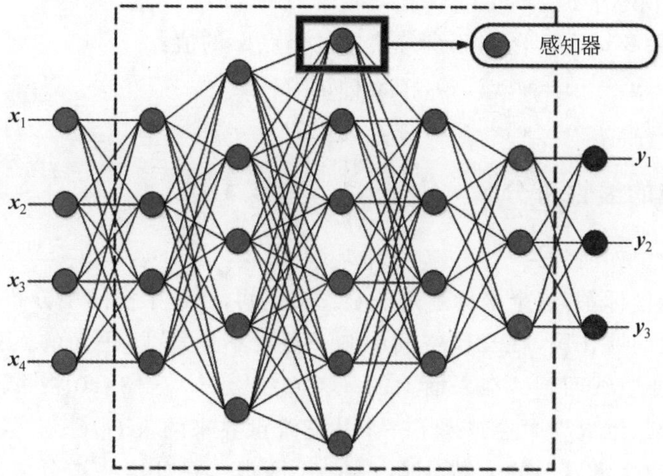

图 2-10 神经元的前馈网络架构

## 2.2 感知器模型

假设输入空间(特征空间)是 $\boldsymbol{X}$,且 $\boldsymbol{X} \in \boldsymbol{R}_n$,输出空间是 $\boldsymbol{y}$,且 $\boldsymbol{y}=\{+1,-1\}$。输入 $\boldsymbol{x} \in \boldsymbol{X}$ 表示输入端实例特征向量。对应于输出空间(特征空间)的点:输出 $\boldsymbol{y} \in \boldsymbol{Y}$ 表示实例类别,由输入空间到输出空间用函数表示为

$$f(\boldsymbol{x})=\operatorname{sign}(\boldsymbol{wx}+\boldsymbol{b})$$

$f(\boldsymbol{x})$称为感知器模型函数。其中 $\boldsymbol{w}$ 和 $b$ 是感知器模型的两个参数。$\boldsymbol{w}$ 是权重(或权值),$\boldsymbol{b}$ 是偏置。

感知器是一种线性分类模型,属于判别模型。感知器有如下几何解释:

线性方程:

$$\boldsymbol{wx}+\boldsymbol{b}=0$$

对应于特征空间 $\boldsymbol{R}_n$ 中的一个超平面 $\boldsymbol{S}$,其中 $\boldsymbol{w}$ 是超平面的法向量,$b$ 是超平面的截距。对于一个给定的数据集 $T=\{(\boldsymbol{x}_1,\boldsymbol{y}_1),(\boldsymbol{x}_2,\boldsymbol{y}_2),\cdots,(\boldsymbol{x}_n,\boldsymbol{y}_n)\}$,如果存在某个超平面 $\boldsymbol{S}$:

$$\boldsymbol{wx}+\boldsymbol{b}=0$$

能够将数据集的正实例和负实例完全正确的划分到超平面的两侧,则称数据集 $T$ 是线性可分数据集,否则称线性不可分数据集。

### 2.2.1 超平面的定义

令 $\boldsymbol{w}_1,\boldsymbol{w}_2,\cdots,\boldsymbol{w}_n,v$ 都是实数($\boldsymbol{R}$),其中至少有一个 $\boldsymbol{w}_i$ 不为 0,由所有满足线性方程 $\boldsymbol{w}_1\boldsymbol{x}_1+\boldsymbol{w}_2\boldsymbol{x}_2+\cdots+\boldsymbol{w}_n\boldsymbol{x}_n=\boldsymbol{v}$ 的点 $\boldsymbol{x}=[\boldsymbol{x}_1,\boldsymbol{x}_2,\cdots,\boldsymbol{x}_n]$组成的集合,称为空间 $\boldsymbol{R}$ 的超平面。

从定义可以看出:超平面就是点的集合。集合中的某一点 $\boldsymbol{x}$,与向量 $\boldsymbol{x}=(\boldsymbol{w}_1,$

$\boldsymbol{w}_2, \cdots, \boldsymbol{w}_n$)的内积等于$\boldsymbol{v}$

特别是,如果令$\boldsymbol{v}$等于0,对于训练集中某个点$\boldsymbol{x}$的值:

若$\boldsymbol{w}_1\boldsymbol{x}_1+\boldsymbol{w}_2\boldsymbol{x}_2+\cdots+\boldsymbol{w}_n\boldsymbol{x}_n>0$,将$\boldsymbol{x}$标记为一类;

若$\boldsymbol{w}_1\boldsymbol{x}_1+\boldsymbol{w}_2\boldsymbol{x}_2+\cdots+\boldsymbol{w}_n\boldsymbol{x}_n<0$,将$\boldsymbol{x}$标记为另一类。

### 2.2.2 数据集的线性可分

在二维平面中如何分类?

画一个二维坐标系,这个坐标系是一个二维空间,在这个空间中分布着无数点它们都是这个二维世界的原住民,在二维空间中画一条看不见直线,里面的人被你分成了两类$A$和$B$,分别位于直线两侧。在平面上的一条直线$2x-y+3=0$将平面上的点分成两类,有一天,这个二维世界中穿越来了一个从三维世界来的人$C$,$C$遇见了很多这个世界的人,他发现了这个世界上的人被分成了$A$、$B$两类。并且这些被分成两类的人类别存在较明显的位置特征,于是$C$想了一个办法来描述这个世界上被分成两类的人,即假设这个世界的人可以用一条直线来划分。$C$想到的办法如下:

$$f(\boldsymbol{x})=\operatorname{sign}(\boldsymbol{x})=\begin{cases}1, & \boldsymbol{x}\geqslant 0\\ 0, & \boldsymbol{x}<0\end{cases}$$

$$y=f(\boldsymbol{wx}+\boldsymbol{b})$$

其中,$\boldsymbol{x}$表示每个原住民在该空间中的坐标$\boldsymbol{y}=f(\boldsymbol{wx}+\boldsymbol{b})$,$\boldsymbol{x}$表示每个原住民在该空间中的坐标通过以上计算方法,能够将所有二维世界中的原住民分成两类,也就是以每个原住民的坐标为参数,通过模型计算结果为1的为一类,为$-1$的为另一类。

到目前为止$C$离成功猜到你是怎么给这个二维世界的原住民分类的又近了一步。$C$还需要什么?他需要知道$\boldsymbol{w}$和$\boldsymbol{b}$的值是什么。它们显然是两个模型必需的参数值,这两个参数值影响着分类模型的结果,而现在要怎么来确定这两个值呢?可能有人会很快想到,拿一组二维人的坐标数据和它的实际分类作为输入去计算不就行了吗?是的,需要以有限的输入去算这两个值,许多人到这里就迷茫了,怎么算?对于怎么算的问题才是机器学习中的关键,回到上面的模型,要开始算就需要一个明确的$\boldsymbol{w}$,$\boldsymbol{b}$值,这与所要解决的问题相矛盾了,因此只能假设一个初始值。这个初始值是什么不重要,重要的是正因为有了一个初始值$C$的这个模型成了一个可以实际进行运算的模型了,而运算的目的也就变成了不断进行迭代运算使得$\boldsymbol{w}$,$\boldsymbol{b}$的值不断向着接近这个世界分类真相的方向前进。自然的我们得到如下两个基本策略(迭代过程该怎么做的方法):

模型运算结果与实际结果相符,不做任何额外操作,继续输入新的数据模型运算结果与实际结果不符(误分类),调整$\boldsymbol{w}$,$\boldsymbol{b}$的值,使得其朝真相的方向逐步靠近并找到一个方法来调整$\boldsymbol{w}$,$\boldsymbol{b}$的值。在调整$\boldsymbol{w}$,$\boldsymbol{b}$的值之前进行这些计算的目的显然是为了得到一组$\boldsymbol{w}$,$\boldsymbol{b}$,使得模型运算与实际结果不符的数量最小。在机器学习中,称这么一个关于$\boldsymbol{w}$,$\boldsymbol{b}$的函数为损失函数,将损失函数极小化(极小化即求极小值)的过程就是求$\boldsymbol{w}$,$\boldsymbol{b}$的过程,而损失函数的一个自然选择是误分类的总数(自然选择就是最接近人类思维方向逻辑推断),但这样损失函数就不是$\boldsymbol{w}$,$\boldsymbol{b}$的连续可导函数。这里为什么要求损失函数是关于$\boldsymbol{w}$,$\boldsymbol{b}$的连续可导函数，因为只有函数是连续可导的，才能方便地在该函数上确定极大值或极小值，对于这个问题可参考此处。好了，损失函数不适合表示为误分类点的总数，那么能寻找其他表现形式。这里有一个选择就是将被误分类的所有点距离模型表示直线或平面的总距离作为损失函数的意义。这也是最自然的表示了，比如当点被误分类，误分类点肯定出现在了当前模型的错误一侧，有效矫正方式就是调整 $\boldsymbol{w},\boldsymbol{b}$ 的值，使得模型表示平面或直线往该点的方向平移一定距离，也就是缩小它们之间的距离，但是在最优化问题当中，对于单点来说可能使其达到最优了，即误差点相对模型的距离为 0 了，但对于这个空间中的所有点来说，可能反而会随着单个点这样的调整而出现更多的误差点，因此需要保证 $\boldsymbol{w},\boldsymbol{b}$ 的调整总是朝着好的方向进行，也就是总体误差点最少，换成距离的概念就变成了误差点距离平面或直线的总长度最小，这样就能保证训练得到的模型最接近真实模型。由点到平面的距离公式可以得到任意一点距离上面定义的模型的距离为

$$\text{len}(\boldsymbol{x}_i)=\frac{1}{\|\boldsymbol{w}\|}\ |\boldsymbol{w}\boldsymbol{x}_i+\boldsymbol{b}|$$

在这里不加证明地给出这个公式，如果有兴趣自己推导，可参考点到平面距离公式的 7 种推导方法探讨，这里需要解释的一点是，因为模型有两个变量 $\boldsymbol{x}(\boldsymbol{x}\in\boldsymbol{R}_n)$ 和 $\boldsymbol{y}(\boldsymbol{y}\in-1,1)$，所以在这里所谓的距离实际是指模型包含的某一维度的距离，更科学的描述称为到超平面的距离，因此在计算距离公式时切记一点，针对 $f(\boldsymbol{x})=\boldsymbol{w}\boldsymbol{x}+\boldsymbol{b}$ 这个形式来求距离时，可能有人会很困惑，总感觉上面的距离公式是错的？其实从场景来说，这个模型函数中的 $\boldsymbol{x}$ 实际上是一个向量，即它包含两个维度的值。这样就可以将能够影响一个点位置信息的 $\boldsymbol{x}$ 维度上的值和 $\boldsymbol{y}$ 维度上的值一起进行评估来得到一个综合的评估值。这一点从遇到的问题出发去看也是显而易见的，因为设计的这个分类方法中，实际输入就是一个坐标点，输出是一个其他值。因此针对上面的公式也就不难理解，其结果实际上是求到 $\boldsymbol{w}_1\boldsymbol{x}_1+\boldsymbol{w}_2\boldsymbol{x}_2+\boldsymbol{b}=0$ 平面的距离。在这里必须要理解这点，这将使目前以及之后所有公式推导的理由及意义更清晰。如果还是不能理解也没关系，只要知道为了明确知道模型的好坏，需要有一个方法来对其进行评估，在这里只是选取了距离这个概念来描述模型的好坏，在其他更多场景中还有更多其他各种各样的方法，而重要的是能够在各种复杂场景中找到一个合适高效的方法。

有了计算距离的方式，下面来看看损失函数究竟怎么定义。由于对于模型来说，在分类错误的情况下，若 $\boldsymbol{w}\boldsymbol{x}_i+\boldsymbol{b}>0$，则实际的 $\boldsymbol{y}_i$ 应该是等于 $-1$，而当 $\boldsymbol{w}\boldsymbol{x}_i+\boldsymbol{b}<0$ 时，$\boldsymbol{y}_i$ 等于 1，因此由这个特性可以去掉上面的绝对值符号，将公式转化为

$$\text{len}(\boldsymbol{x}_i)=-\frac{1}{\|\boldsymbol{w}\|}\boldsymbol{y}_i(\boldsymbol{w}\boldsymbol{x}_i+\boldsymbol{b})$$

如此得到最终的损失函数为

$$L(\boldsymbol{w},\boldsymbol{b})=\sum_{\boldsymbol{x}_i\in M}\text{len}(\boldsymbol{x}_i)\Rightarrow L(\boldsymbol{w},\boldsymbol{b})=\sum_{\boldsymbol{x}_i\in M}-\boldsymbol{y}_i(\boldsymbol{w}\boldsymbol{x}_i+\boldsymbol{b})$$

正如上面所示，$\frac{1}{\|\boldsymbol{w}\|}$ 这个因子在这里可以不用考虑，因为它对结果的影响与 $\boldsymbol{w},\boldsymbol{b}$ 是

等效的，因此只用单独考虑 $\boldsymbol{w},\boldsymbol{b}$ 就可以，这样可以减小运算复杂度。到这一步问题就变得简单了，那就是求 $L(\boldsymbol{w},\boldsymbol{b})$ 的极小值。对于极大值、极小值的求解方法有许多，这里首先讲述一种梯度下降的方法求极小值，根据梯度的定义，可以得到损失函数的梯度有

$$\nabla_w L(\boldsymbol{w},\boldsymbol{b}) = -\sum_{x_i \in M} \boldsymbol{y}_i \boldsymbol{x}_i$$

$$\nabla_b L(\boldsymbol{w},\boldsymbol{b}) = -\sum_{x_i \in M} \boldsymbol{y}_i$$

根据梯度下降所描述的方法，只需要在每次出现误分类时按如下方法更新 $\boldsymbol{w},\boldsymbol{b}$ 的值即可，

$$\boldsymbol{w} \leftarrow \boldsymbol{w} + \eta \boldsymbol{y}_i \boldsymbol{x}_i$$

$$\boldsymbol{b} \leftarrow \boldsymbol{b} + \eta \boldsymbol{y}_i$$

以上更新方法就是每次出现误分类时 $\boldsymbol{w}$ 或 $\boldsymbol{b}$ 分别减去它们各自在该误分类点的梯度值，这里更新 $\boldsymbol{w},\boldsymbol{b}$ 的方式称为随机梯度下降法，因此会发现更新 $\boldsymbol{w},\boldsymbol{b}$ 时是不带求和符号的，所谓随机梯度下降就是每次取梯度值是随机的取某点在该模型上的梯度值，这里的随机性取决于具体的输入。当然也可以通过计算求得一个总体平均的梯度，若那样，则当输入数据很多时，训练模型用时会很长，因此到底哪种好哪种不好，需要根据实际情况去权衡取舍。

至此，是不是一切变得豁然开朗？$C$ 在所创造的二维世界中已经找到了方法来得到二维原住民分类的方式，只要 $C$ 在那个世界发现足够多的原住民，每当找到一个原住民就用他的模型对其分类，只要分类结果与实际不符时，就用上面的方法更新模型，那么 $C$ 将得到一个无限接近对二维世界原住民分类的模型。

对于数据集 $T$：

$$T = \{(\boldsymbol{x}_1,\boldsymbol{y}_i),(\boldsymbol{x}_2,\boldsymbol{y}_2),\cdots,(\boldsymbol{x}_N,\boldsymbol{y}_N)\},\quad \boldsymbol{x}_i \in \boldsymbol{R}_n,\quad \boldsymbol{y}_i \in \{-1,1\},\quad i=1,2,\cdots,N$$

若存在某个超平面 $S$：$\boldsymbol{wx}=0$ 将数据集中的所有样本点正确地分类，则称数据集 $T$ 线性可分。

所谓正确地分类，就是，如果 $\boldsymbol{wx}_i>0$，那么样本点 $(\boldsymbol{x}_i,\ \boldsymbol{y}_i)$ 中的 $\boldsymbol{y}_i$ 等于 1；如果 $\boldsymbol{wx}_i<0$，那么样本点 $(\boldsymbol{x}_i,\ \boldsymbol{y}_i)$ 中的 $\boldsymbol{y}_i$ 等于 $-1$。因此给定超平面 $\boldsymbol{wx}=0$，对于数据集 $T$ 中任何一个点 $(\boldsymbol{x}_i,\ \boldsymbol{y}_i)$，都有 $\boldsymbol{y}_i(\boldsymbol{wx}_i)>0$，这样 $T$ 中所有的样本点都被正确地分类了。

如果有某个点 $(\boldsymbol{x}_i,\boldsymbol{y}_i)$，使得 $y_i(\boldsymbol{wx}_i)<0$，则称超平面 $\boldsymbol{wx}$ 对该点分类失败，这个点就是一个误分类的点。

## 2.3 感知器学习算法

为了能够寻找到将数据集正负实例完全正确分离的超平面，即确定模型参数 $\boldsymbol{w}$ 和 $\boldsymbol{b}$，需要一个学习策略，即定义一个损失函数，并将损失函数极小化。损失函数的一个自然选择是误分类点的总数。但是这样的损失函数对 $\boldsymbol{w}$ 和 $\boldsymbol{b}$ 不是连续可导函数，不易优化。损失函数的另一个选择是误分类点到超平面 $S$ 的总距离。

单个点 $\boldsymbol{x}_0$ 到超平面 $S$ 的距离是 $D$

$$D = \frac{1}{\|\boldsymbol{w}\|} \mid \boldsymbol{w}\boldsymbol{x}_0 + \boldsymbol{b} \mid$$

对于误分类来说，$-\boldsymbol{y}_i(\boldsymbol{w}\boldsymbol{x}_i + \boldsymbol{b}) > 0$。因此误分类点到超平面 $S$ 的距离 $T$

$$T = -\frac{1}{\|\boldsymbol{w}\|} \boldsymbol{y}_i(\boldsymbol{w}\boldsymbol{x}_i + \boldsymbol{b})$$

假设超平面 $S$ 误分类点集合为 $M$，则总距离 $P$

$$P = -\frac{1}{\|\boldsymbol{w}\|} \sum_{x_i \in M} \boldsymbol{y}_i(\boldsymbol{w}\boldsymbol{x}_i + \boldsymbol{b})$$

因此，感知器 $\mathrm{sign}(\boldsymbol{w}\boldsymbol{x} + \boldsymbol{b})$ 的损失函数可以简写为

$$L(\boldsymbol{w}, \boldsymbol{b}) = \sum_{x_i \in M} \boldsymbol{y}_i(\boldsymbol{w}\boldsymbol{x}_i + \boldsymbol{b})$$

其中，$M$ 是误分类点集合，这个损失函数称为感知器经验风险函数。

从上面可知，感知器学习问题转化为求解损失函数最优化问题，最优化的方法是随机梯度下降法。感知器学习算法有两种形式：原始形式和对偶形式。在训练数据线性可分的条件下，感知器学习算法是收敛的。

### 2.3.1 感知器学习算法的原始形式

在给定训练数据集 $T = \{(\boldsymbol{x}_1, \boldsymbol{y}_1), (\boldsymbol{x}_2, \boldsymbol{y}_2), \cdots, (\boldsymbol{x}_N, \boldsymbol{y}_N)\}$，可以通过求参数 $\boldsymbol{w}$ 和 $\boldsymbol{b}$ 使得

$$L(\boldsymbol{w}, \boldsymbol{b}) = \sum_{x_i \in M} \boldsymbol{y}_i(\boldsymbol{w}\boldsymbol{x}_i + \boldsymbol{b})$$

最小。其中 $M$ 是误分类点。

感知器学习算法是误分类数据驱动的，采用随机梯度下降法，即随机选取一个超平面 $\boldsymbol{w}_0$ 和 $\boldsymbol{b}_0$，使用梯度下降法对损失函数进行极小化。极小化不是一次使得所有 $M$ 集合误分类点梯度下降，而是一次随机选取一个点使其梯度下降。

假设 $M$ 集合是固定，那么损失函数的梯度为

$$\nabla_w L(\boldsymbol{w}, \boldsymbol{b}) = -\sum_{x_i \in M} \boldsymbol{y}_i \boldsymbol{x}_i$$

$$\nabla_b L(\boldsymbol{w}, \boldsymbol{b}) = -\sum_{x_i \in M} \boldsymbol{y}_i$$

随机一个选取一个误分类点 $(\boldsymbol{x}_i, \boldsymbol{y}_i)$ 对 $\boldsymbol{w}$ 和 $\boldsymbol{b}$ 进行更新：

$$\boldsymbol{w} = \boldsymbol{w} + \eta \boldsymbol{x}_i \boldsymbol{y}_i$$

$$\boldsymbol{b} = \boldsymbol{b} + \eta \boldsymbol{y}_i$$

$(\eta)(0 \leqslant \eta \leqslant 1)$ 是步长，统计学习中称为学习率。通过不断迭代，损失函数不断减小，直到为 0。

具体步骤如下。

(1) 随机选取 $\boldsymbol{w}_0$ 和 $\boldsymbol{b}_0$。

(2) 在训练数据中选取 $(\boldsymbol{x}_i, \boldsymbol{y}_i)$。

(3) 如果 $\boldsymbol{y}_i(\boldsymbol{w}\boldsymbol{x}_i + \boldsymbol{b}) \leqslant 0$

$$\boldsymbol{w}=\boldsymbol{w}+\eta \boldsymbol{x}_i \boldsymbol{y}_i$$

$$\boldsymbol{b}=\boldsymbol{b}+\eta \boldsymbol{y}_i$$

(4) 转步骤(2),直到训练数据中,没有误分类点。

感知器学习算法直观的解释如下。

当一个实例点被误分类时,即实例点位于分离超平面错误的一边,那么需要调整 $\boldsymbol{w}$ 和 $\boldsymbol{b}$,使得超平面向误分类的实例点一侧进行移动,从而减少误分类点到超平面的距离。直到超平面越过该误分类的实例点,最终达到正确分类的结果。

### 2.3.2 感知器学习算法的对偶形式

对偶形似的基本想法是,将 $\boldsymbol{w}$ 和 $\boldsymbol{b}$ 表示实例 $\boldsymbol{x}_i$ 和标记 $\boldsymbol{y}_i$ 的线性组合形式,通过求解器系数的到 $\boldsymbol{w}$ 和 $\boldsymbol{b}$。在原始形式中,通过

$$\boldsymbol{w}=\boldsymbol{w}+\eta \boldsymbol{x}_i \boldsymbol{y}_i$$

$$\boldsymbol{b}=\boldsymbol{b}+\eta \boldsymbol{y}_i$$

逐步修改 $\boldsymbol{w}$ 和 $\boldsymbol{b}$,假设修改了 $n$ 次,则 $\boldsymbol{w}$ 和 $\boldsymbol{b}$ 关于$(\boldsymbol{x}_i,\boldsymbol{y}_i)$的增量分别是 $\boldsymbol{a}_i\boldsymbol{x}_i\boldsymbol{y}_i$ 和 $\boldsymbol{a}_i\boldsymbol{y}_i$,这里的 $\boldsymbol{a}_i=n_i\eta$。最后学习到的 $\boldsymbol{w}$ 和 $\boldsymbol{b}$ 是

$$\boldsymbol{w}=\sum_{i=1}^{N}\boldsymbol{a}_i\boldsymbol{x}_i\boldsymbol{y}_i$$

$$\boldsymbol{b}=\sum_{i=1}^{N}\boldsymbol{a}_i\boldsymbol{y}_i$$

其中,$\boldsymbol{a}_i \geqslant 0, i=1,2,\cdots,N$。表示第 $i$ 个实例有误分类而进行更新的次数。实例点更新次数越多,则它离超平面的距离就越近,也就越难正确分类。

具体步骤如下。

(1) 输入。

① 线性可分数据集:

$$T=\{(\boldsymbol{x}_1,\boldsymbol{y}_1),(\boldsymbol{x}_2,\boldsymbol{y}_2),\cdots,(\boldsymbol{x}_N,\boldsymbol{y}_N)\}$$

② 学习率 $\eta(0\leqslant\eta\leqslant1)$。

③ $f(\boldsymbol{x})$:

$$f(\boldsymbol{x})=\operatorname{sign}\left(\sum_{j=1}^{N} a_i \boldsymbol{y}_i \boldsymbol{x}_i \boldsymbol{x}+\boldsymbol{b}\right)$$

(2) 输出。

① $\boldsymbol{a},\boldsymbol{b}$。

② 感知器模型:

$$\boldsymbol{a}=(\boldsymbol{a}_1,\boldsymbol{a}_2,\cdots,\boldsymbol{a}_N)^{\mathrm{T}}$$

其中,$\boldsymbol{a}=\mathbf{0},\boldsymbol{b}=\mathbf{1}$。

在训练数据中选取$(\boldsymbol{x}_i,\boldsymbol{y}_i)$

$$\boldsymbol{y}_i\left(\sum_{j=1}^{N}\boldsymbol{a}_i\boldsymbol{y}_i\boldsymbol{x}_i+\boldsymbol{b}\right)\leqslant 0$$

如果

$$\boldsymbol{a}_i = \boldsymbol{a}_i + \boldsymbol{\eta}$$

$$\boldsymbol{b} = \boldsymbol{b} + \boldsymbol{\eta}\,\boldsymbol{y}_i$$

转到②,直到没有误分类数据。

## 2.4 感知器的收敛性

由于数据集 $T$ 是线性可分的,假设存在一个理想的超平面 $\boldsymbol{w}_{\text{opt}}$,且 $\|\boldsymbol{w}_{\text{opt}}\|=1$,$\boldsymbol{w}_{\text{opt}}$ 能够将 $T$ 中的所有样本点正确地分类。

如果超平面能够正确分类,那么对于数据集 $T$ 中的**任何一个**点$(\boldsymbol{x}_i,\boldsymbol{y}_i)$,都有 $\boldsymbol{y}_i(w\boldsymbol{x}_i)>0$ 取 $r=\min\{\boldsymbol{y}_i(\boldsymbol{w}_{\text{opt}}\boldsymbol{X}_i)\}$,并且令 $R=\max\|\boldsymbol{x}_i\|$,则迭代次数 $k$ 满足下列不等式:

$$k \leqslant \left(\frac{R}{r}\right)^2$$

具体证明过程可查阅相关参考书。

在证明过程中推导出了两个不等式。

一个是

$$\boldsymbol{w}_k\boldsymbol{w}_{\text{opt}} \geqslant knr$$

其中,$k$ 是迭代次数;$n$ 是迭代步长;$r$ 是 $\min\{\boldsymbol{y}_i(\boldsymbol{w}_{\text{opt}}\boldsymbol{x}_i)\}$。

超平面 $\boldsymbol{w}_{\text{opt}}$ 是理想的超平面,能够完美地将所有的样本点正确地分开。$\boldsymbol{w}_k$ 是采用感知器学习算法使用梯度下降不断迭代求解的超平面,二者之间的内积,用来衡量这两个超平面的接近程度。因为两个向量的内积越大,说明这两个向量越相似(接近),也就是说,不断迭代后的 $\boldsymbol{w}_k$ 越来越接近理想的超平面 $\boldsymbol{w}_{\text{opt}}$ 了(向量的模为 1,$\|\boldsymbol{w}_{\text{opt}}\|=1$)。

第二个不等式是

$$\|\boldsymbol{w}_k\|^2 \leqslant kn^2R^2$$

结合上面的两个不等式,有

$$|knr \leqslant \boldsymbol{w}_k\boldsymbol{w}_{\text{opt}} \leqslant \|\boldsymbol{w}_k\|\,\|\boldsymbol{w}_{\text{opt}}\| \leqslant \sqrt{k}\,nR$$

因为 $\boldsymbol{w}_k\boldsymbol{w}_{\text{opt}}\geqslant knr$,所以第一个不等式成立;

因为柯西-施瓦茨不等式,所以第二个不等式成立;

因为第二个不等式成立且 $\|\boldsymbol{w}_{\text{opt}}\|=1$,所以第三个不等式成立。

## 2.5 感知器应用举例

### 2.5.1 问题描述

美术馆正在举办一个名家画展,张晓拿不定主意,周末要不要去参观画展。他决定考虑 3 个因素。

(1) 天气:周末是否晴天?

(2) 同伴:能否找到人一起去?

(3) 价格：门票是否可承受？

以上 3 个因素就构成一个感知器。上面的 3 个因素作为感知器的外部输入端，最后做出决定：周末是否去参观画展。这个决定作为感知器的输出端。

(1) 如果 3 个因素都是 Yes(使用 1 表示)，输出就是 1(去参观)。

(2) 如果都是 No(使用 0 表示)，输出就是 0(不去参观)。

### 2.5.2 添加权重和阈值

提出疑问：如果某些因素成立，另一些因素不成立，输出是什么？

例如，周末是好天气，门票也不贵，但是张晓找不到同伴，他还要不要去参观画展呢？

现实中，各种因素很少具有同等重要性：某些因素是决定性因素，另一些因素是次要因素。因此，可以给这些因素指定权重(weight)，用来代表它们不同的重要性。

(1) 天气：权重为 8。

(2) 同伴：权重为 4。

(3) 价格：权重为 4。

通过上面提到的 3 个因素标识的权重值，便可分析出天气是决定性因素，而同伴和价格是相对的次要因素。

如果 3 个因素都为 1，它们乘以权重的总和就是 8＋4＋4＝16。如果天气和价格因素为 1，同伴因素为 0，总和就变为 8＋0＋4＝12。

这时，还需要指定一个阈值(threshold)。如果总和大于阈值，感知器输出 1，否则输出 0。假定阈值为 8，那么 $12 > 8$，张晓决定去参观画展就是输出的结果。

阈值的高低代表了意愿的强烈，阈值越低就表示越不想去，越高就越想去。

上面的决策过程，使用数学表达如下。

公式中，$\boldsymbol{x}$ 表示各种外部因素，$\boldsymbol{w}$ 表示对应的权重。

$$\text{Output} = \begin{cases} 0, & \sum_j \boldsymbol{w}_j \boldsymbol{x}_j \leqslant \text{threshold} \\ 1, & \sum_j \boldsymbol{w}_j \boldsymbol{x}_j > \text{threshold} \end{cases}$$

### 2.5.3 建立决策模型

单个的感知器构成了一个简单的决策模型，已经可以拿来用了。真实世界中，实际的决策模型则要复杂得多，是由多个感知器组成的多层网络。

图 2-11 中，底层感知器接收外部输入，做出判断以后，再发出信号，作为上层感知器的输入，直至得到最后的结果(注意，感知器的输出依然只有一个，但是可以发送给多个目标)。

图 2-11 中，信号都是单向的，即下层感知器的输出总是上层感知器的输入。现实中，有可能发生循环传递，这称为递归神经网络(recurrent neural network)，如图 2-12 所示。

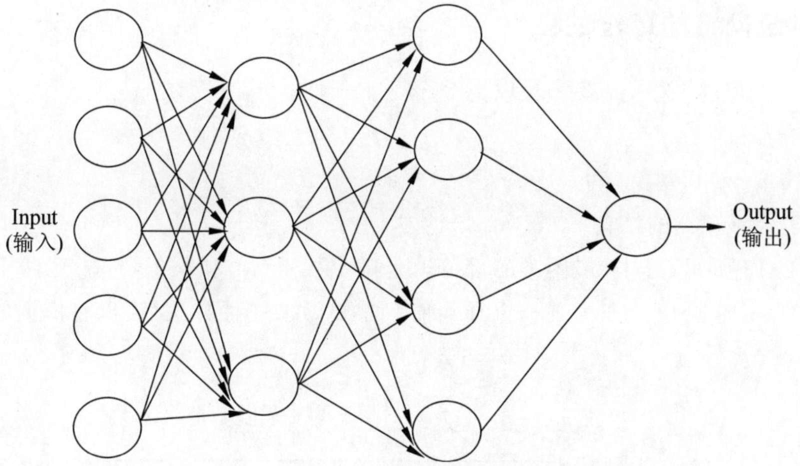


图 2-11　感知器模型

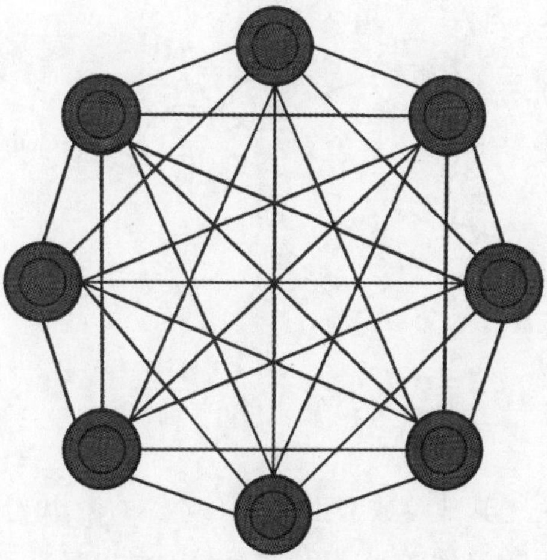

图 2-12　递归神经网络

### 2.5.4　向量化

对上述的感知器模型进行一些数学变换，以便适用于后续的讨论。

(1) 外部因素 $\boldsymbol{x}_1$、$\boldsymbol{x}_2$、$\boldsymbol{x}_3$，写成向量($\boldsymbol{x}_1, \boldsymbol{x}_2, \boldsymbol{x}_3$)，简称为 $\boldsymbol{x}$；

(2) 权重 $\boldsymbol{w}_1$、$\boldsymbol{w}_2$、$\boldsymbol{w}_3$，写成向量($\boldsymbol{w}_1, \boldsymbol{w}_2, \boldsymbol{w}_3$)，简称为 $\boldsymbol{w}$；

(3) 定义运算 $\boldsymbol{wx} = \sum \boldsymbol{wx}$，即 $\boldsymbol{w}$ 和 $\boldsymbol{x}$ 的点运算，等于因素与权重的乘积之和。

(4) 定义 $\boldsymbol{b}$ 等于负的阈值 $\boldsymbol{b} = -\text{threshold}$。

感知器模型就变成了

$$\text{Output} = \begin{cases} 0, & \boldsymbol{wx} + \boldsymbol{b} \leqslant 0 \\ 1, & \boldsymbol{wx} + \boldsymbol{b} > 0 \end{cases}$$

### 2.5.5 神经网络的运作过程

搭建一个神经网络,需要满足以下 3 个基本条件。

(1) 输入和输出。

(2) 权重(***w***)和阈值(***b***)。

(3) 多层感知器的结构。

如图 2-13 所示,其中,最困难的部分就是确定权重(*w*)和阈值(*b*)。这两个值在现实中难以估算,只能给出一个主观权重和阈值。需要寻求一种方法,可以有依据的找出一种答案。

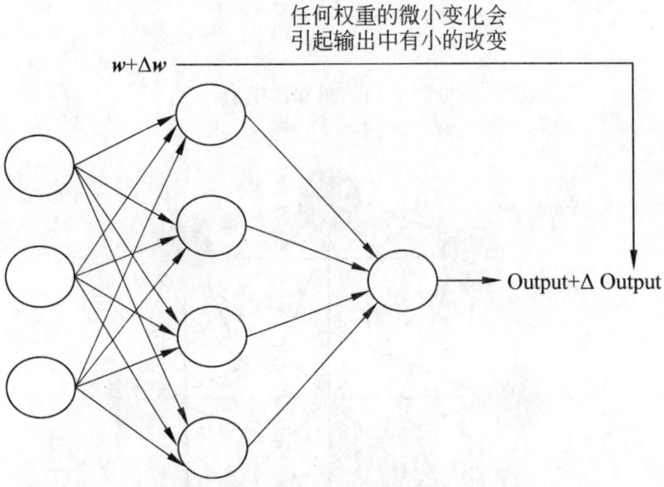


图 2-13 感知器模型的训练

这种方法就是试错法。其他参数都不变,***w***(或 ***b***)的微小变动,记作 Δ***w***(或 Δ***b***),然后观察输出有什么变化。不断重复这个过程,直至得到对应最精确输出的那组 ***w*** 和 ***b***,就是要的值。这个过程称为模型的训练。

因此,神经网络的运作过程如下。

(1) 确定输入和输出。

(2) 找到一种或多种算法,可以从输入得到输出。

(3) 找到一组已知答案的数据集,用来训练模型,估算 ***w*** 和 ***b***。

(4) 一旦新的数据产生,输入模型,就可以得到结果,同时对 ***w*** 和 ***b*** 进行校正。

可以看到,整个过程需要海量计算。所以,神经网络直到最近这几年才有实用价值,而且一般的 CPU 还不行,要使用专门为机器学习定制的 GPU(见图 2-14)来计算。

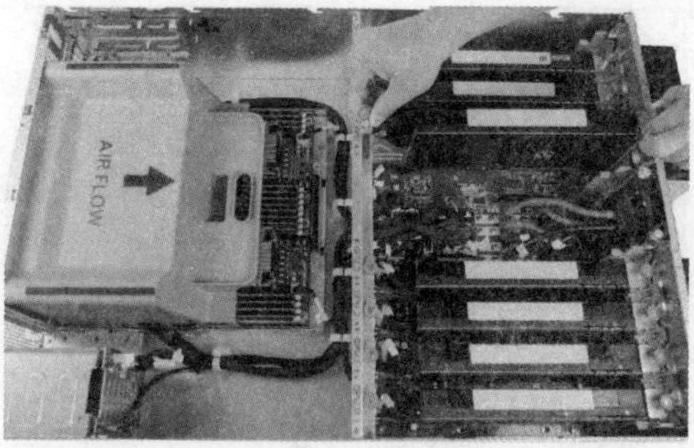


图 2-14　用于机器学习的 GPU

## 2.6　感知器的局限性

### 2.6.1　感知器能做什么

感知器能(且一定能)将线性可分的数据集分开。什么叫线性可分?在二维平面上,线性可分意味着能用一条线将正负样本分开;在三维空间中,线性可分意味着能用一个平面将正负样本分开。可以用两张图来直观感受一下线性可分(见图 2-15)和线性不可分(见图 2-16)的概念。

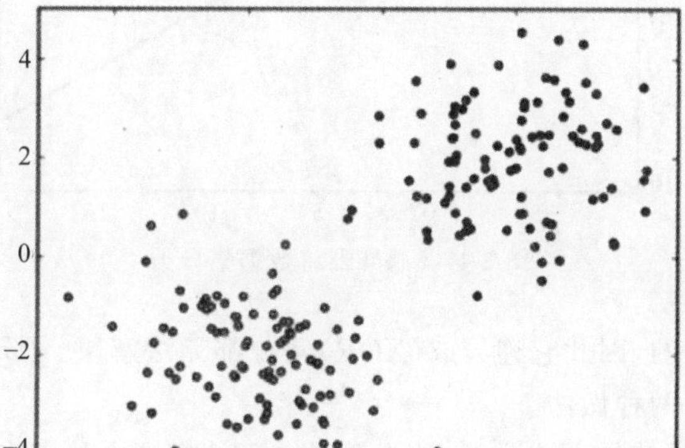


图 2-15　线性可分数据图

一个感知器将会如何分开线性可分的数据集呢?

只要数据集线性可分,那么感知器就一定能分开数据集,如图 2-17 所示。

反过来,如果数据集线性不可分,那么感知器将如何表现?图中的分割线将会不停地迭代,直到迭代上限,无法将数据准确地分类。

### 2.6.2　感知器不能做什么

感知器是线性的模型,它不能表达复杂的函数,不适用于线性不可分的问题。由于异

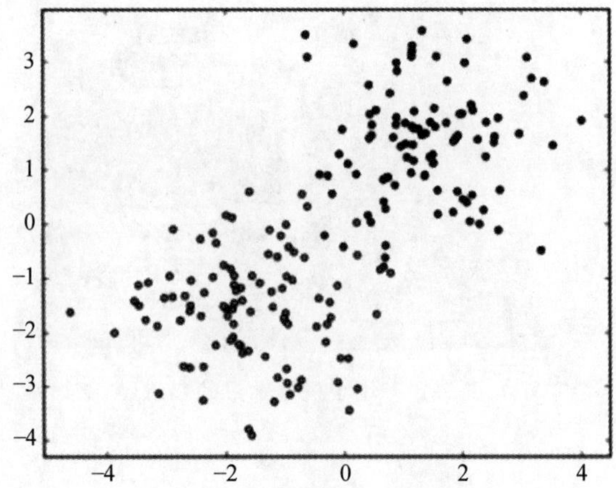


图 2-16　线性不可分数据图

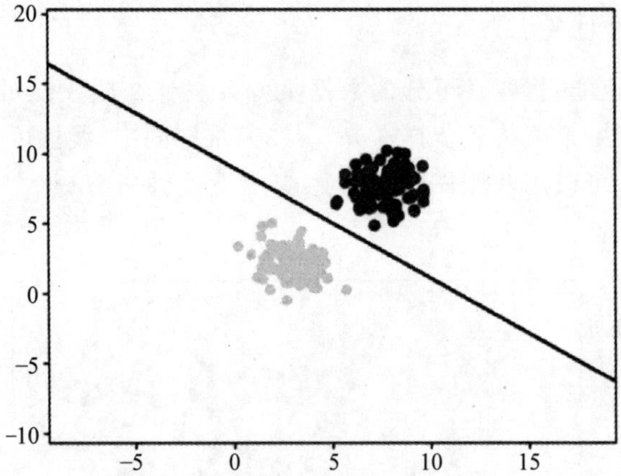


图 2-17　感知器将数据集分类

或问题是线性不可分的，因此它连异或(XOR)问题都无法解决。那么怎样解决这类不可分的问题呢？通常有两种做法。

方法 1：用更多的感知器去学习，这也就是人工神经网络的由来。

方法 2：用非线性模型、核技巧(如 SVM)等进行处理。

# 第 3 章　BP 神经网络

神经网络的研究最早源于对生物神经系统的建模，而后慢慢演变成一种工程的方法，它在机器学习研究中取得了很好的效果。神经网络究竟是什么呢？首先从一个房价预测的例子开始讲起，来对神经网络有一些直观理解。

**1. 神经网络的直观理解**

假设有一个数据集，它包含了六栋房子的信息(每栋房屋的面积是多少平方英尺或者平方米，以及房屋价格)，据此来拟合一个根据房屋面积预测房价的函数。如果对线性回归很熟悉，则可能会说："好吧，先用这些数据拟合一条直线。"于是可能会得到一条直线。

正常情况下，由于价格永远不会为负数，因此为了替代一条可能会让价格为负的直线，会把直线弯曲，让它最终在 0 结束，如图 3-1 所示。这条线就是最终的函数，用于根据房屋面积预测价格。有部分是 0，而直线的部分拟合得很好。

作为一个神经网络，这几乎可能是最简单的神经网络(见图 3-2)。把房屋的面积作为神经网络的输入(称为 $x$)，通过一个结点(一个小圆圈)，最终输出了价格(用 $y$ 表示)。其实这个小圆圈就是一个单独的神经元。接着你的网络实现了这个函数的功能。

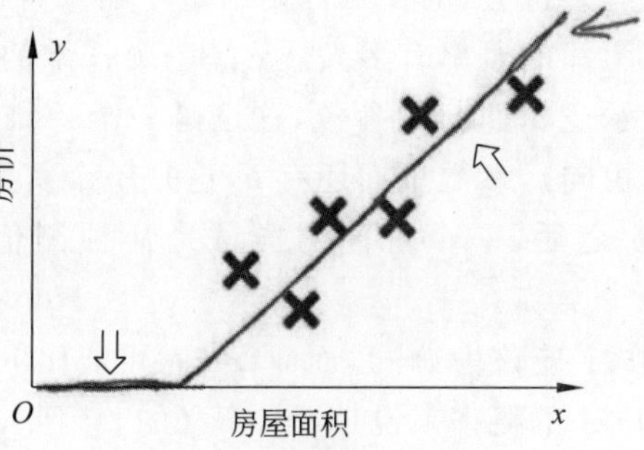


图 3-1　房价预测函数

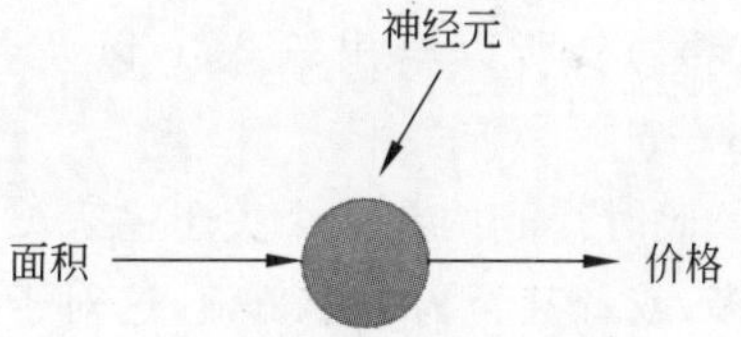


图 3-2　最简单的神经网络模拟

在有关神经网络的文献中，经常看得到这个函数。从趋近于零开始，然后变成一条直线。这个函数被称作 ReLU 激活函数，它的全称是 rectified linear unit。rectify(修正)可以理解成 $\max(0,x)$，这也是得到一个这种形状的函数的原因。现在不用担心不理解 ReLU 函数，本书后面会再次看到它。

如果这是一个单神经元网络，不管规模大小，它正是通过把这些单个神经元叠加在一起来形成。如果你把这些神经元想象成单独的乐高积木，通过搭积木来完成一个更大的神经网络。

现在不仅仅用房屋的面积来预测它的价格，还有一些有关房屋的其他特征，比如卧室的数量，这个房屋能住下一家人或者是四五口人的家庭吗？房屋所在的地理位置或许也能作为一个特征，反映步行化程度和附近教育质量。比如这附近是否能步行去杂货店或者学校，是否需要驾驶汽车，以及附近学校的水平有多好。图 3-3 中每一个画的小圆圈都可以是 ReLU 的一部分，或者其他非线性的函数。基于房屋面积和卧室数量，可以估算家庭人口；基于地理位置，可以估测步行化程度或者学校的教育质量。

对于一个房子来说，这些都是与它息息相关的事情。在这个情景里，家庭人口、步行化程度以及学校的教育质量都能帮助预测房屋的价格。以此为例，$\boldsymbol{x}$ 是所有的输入，$y$ 是尝试预测的价格，把这些单个的神经元叠加在一起，就有了一个稍微大一点的神经网络。

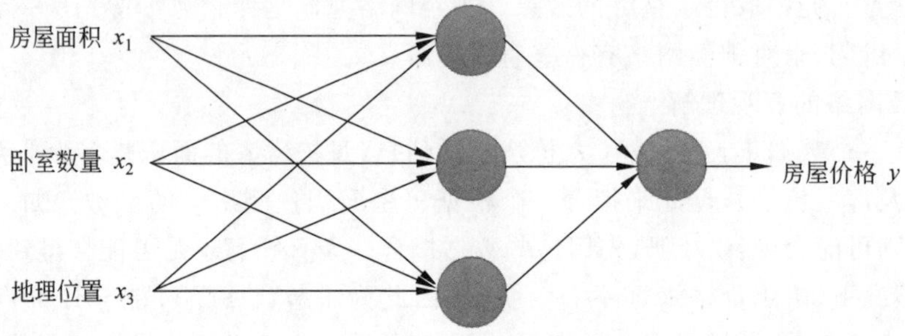


图 3-3　房价预测模型

**2. 神经网络模型**

给定一个输入特征向量 $\boldsymbol{x}$，它可能对应一张图片，我们想识别这张图片看它是否是一只狗或者不是一只狗，于是需要一个算法能够输出预测，称为 $y$，即对实际值的估计。更正式地来说，让 $\boldsymbol{y}$ 表示等于 1 的一种可能性或者是机会，前提条件是给定了输入特征 $\boldsymbol{x}$。换句话来说，我们想让 $\boldsymbol{y}$ 来告诉这是一只狗的图片的概率有多大。$\boldsymbol{x}$ 是一个$n_x$维的向量(相当于有$n_x$个特征的特征向量)。用 $\boldsymbol{w}$ 来表示逻辑回归的参数，这也是一个$n_x$维向量(因为 $\boldsymbol{w}$ 实际上是特征权重，维度与特征向量相同)，参数里面还有 $\boldsymbol{b}$，这是一个实数(表示偏差)。所以给出输入 $\boldsymbol{x}$ 以及参数 $\boldsymbol{w}$ 和 $\boldsymbol{b}$ 之后，一个可能的尝试是让预测值$\boldsymbol{y}=\boldsymbol{w}^{\mathrm{T}}\boldsymbol{x}+\boldsymbol{b}$。

此时得到的是一个关于输入 $\boldsymbol{x}$ 的线性函数，$\boldsymbol{y}$ 应该为 0～1，而 $\boldsymbol{w}^{\mathrm{T}}\boldsymbol{x}+\boldsymbol{b}$ 可能比 1 要大得多，或者甚至为一个负值，这对于想要的在 0～1 的概率来说是没有意义的。因此，输出应该是 $\boldsymbol{y}$ 应该等于由上面的线性函数式子作为自变量的 sigmoid 函数中，如图 3-4 所示，由此将线性函数转换为非线性函数。sigmoid 函数的公式为 $\sigma(z)=\frac{1}{1+\mathrm{e}^{-z}}$，在这里 $z$ 是一个实数，通常使用 $z$ 来表示 $\boldsymbol{w}^{\mathrm{T}}\boldsymbol{x}+\boldsymbol{b}$ 的值。sigmoid 函数是激活函数，在后面会有专门的介绍。

基本 $\boldsymbol{w}^{\mathrm{T}}\boldsymbol{x}+\boldsymbol{b}$ 的形式，其中

$(x_1,x_2,x_3)$表示输入向量；

$\boldsymbol{w}$ 为权重，几个输入则意味着有几个权重，即每个输入都被赋予一个权重；

$\boldsymbol{b}$ 为偏置(bias)；

$\sigma(z)$ 为激活函数；

$\boldsymbol{a}$ 为输出。

由此，了解了左边模型如何与右侧这个计算图建立联系(见图 3-5)。如图 3-6 所示，

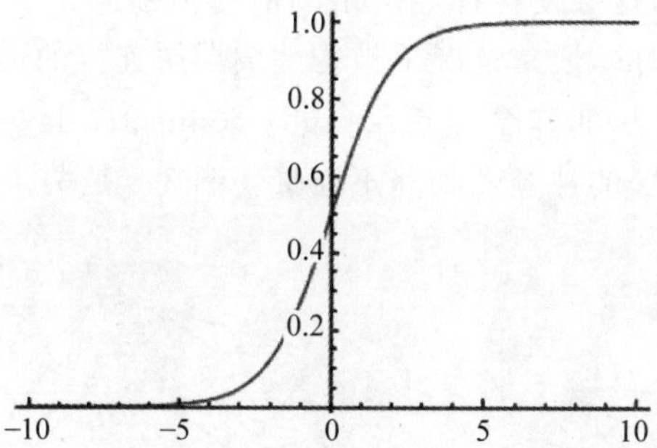


图 3-4　sigmoid 函数

首先需要输入特征 $\boldsymbol{x}$、参数 $\boldsymbol{w}$ 和 $b$，通过 $\boldsymbol{z}=\boldsymbol{w}^{\mathrm{T}}\boldsymbol{x}+\boldsymbol{b}$ 就可以计算损失函数 $L(\boldsymbol{a},\boldsymbol{y})$。

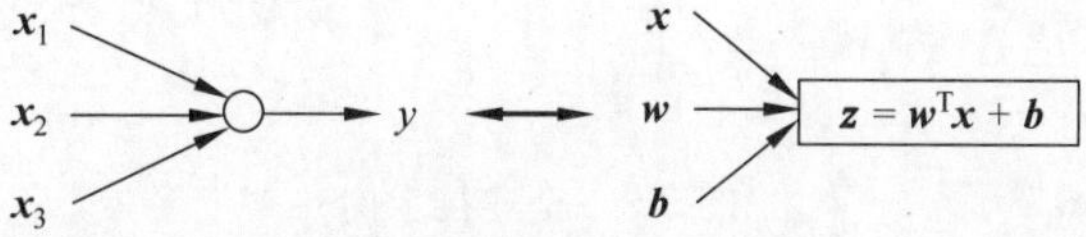


图 3-5　神经网络计算关系图

神经网络看起来如图 3-7 所示。正如之前已经提到过，可以把许多 ReLU 或 sigmoid 单元堆叠起来形成一个神经网络。对于图 3-5 中的结点，它包含了之前讲的计算的两个步骤：首先通过 $\boldsymbol{z}=\boldsymbol{w}^{\mathrm{T}}\boldsymbol{x}+\boldsymbol{b}$ 计算出 $\boldsymbol{z}$ 值，然后通过 $a=\sigma(\boldsymbol{z})$ 计算 $a$ 值。接下来讨论这些图片的具体含义，也就是画的这些神经网络到底代表什么。本例中的神经网络只包含一个隐含层。让我们给此图的不同部分取一些名字。

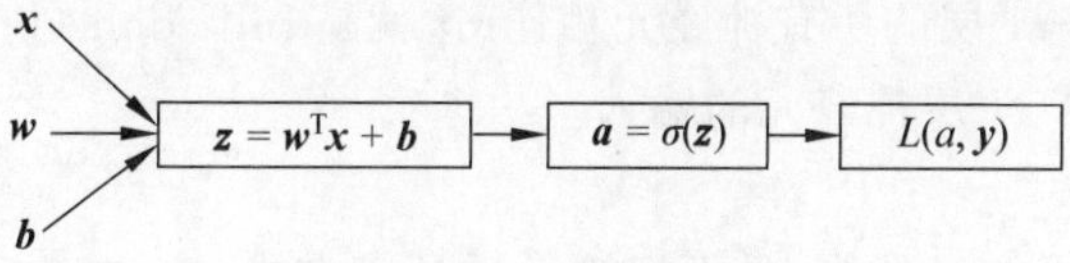


图 3-6　神经网络的计算过程

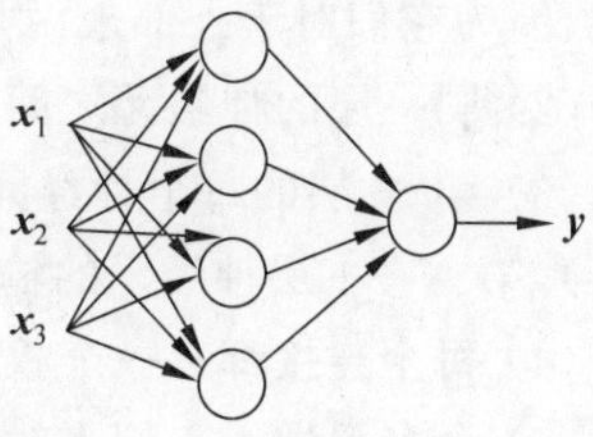


图 3-7　浅层神经网络的表示

有输入特征 $\boldsymbol{x}_1,\boldsymbol{x}_2,\boldsymbol{x}_3$，它们被竖直地堆叠起来，这叫作神经网络的输入层。它包含了神经网络的输入；然后这里有另外一层称为隐藏层(图 3-7 的 4 个结点)；在本例中最后一层只由一个结点构成，而这个只有一个结点的层被称为输出层，它负责产生预测值。解释隐含层的含义：在一个神经网络中，当使用监督学习训练它时，训练集包含了输入也包含了目标输出，所以术语隐含层的含义是在训练集中，这些中间结点的准确值我们是不知道到的，也就是说看不见它们在训练集中应具有的值。能看见输入的值，也能看见输出的值，但是隐藏层中的东西，在训练集中是无法看到的。所以这也解释了词语隐藏层，只是表示无法在训练集中看到它们。

神经网络是神经元构成的图(此图是指 graph，而不是指 image)。神经网络是神经元互相连接构成的一个非循环的图，也就是说一些神经元的输出会作为其他神经元的输入，另外环路是不允许的因为这会使得神经网络的前向传播陷入无休止的循环中。当然，神经元之间的排列是有规律的，通常情况下被构建成层层连接的形式，每一层中又有多个神经元。比如说常见的一种层叫作全连接层(fully-connected layer)，表示的是相邻两层之间的神经元两两连接，同层的神经元则互不连接。图 3-8 是两个全连接的例子。

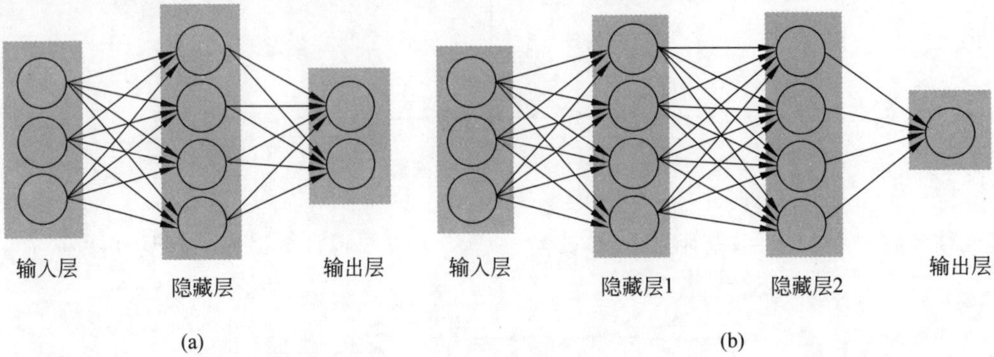


图 3-8　全连接示例

图 3-8(a)是一个两层的神经网络(一个包含 4 个神经元的隐藏层和一个包含 2 个神经元的输出层)，有 3 个输入；图 3-8(b)是一个包含两个隐藏层和一个输出层的三层神经网络，其中每个隐藏层含有 4 个神经元，网络有 3 个输入。

通过观察上面的图，可以发现它的规则包括如下。

(1) 神经网络按照层来布局。最左边的层叫作输入层，负责接收输入数据；最右边的层叫作输出层，可以从这层获取神经网络的输出数据。输入层和输出层之间的层叫作隐藏层，因为它们对于外部来说是不可见的。

(2) 同一层的神经元之间没有连接。

(3) 第 $N$ 层的每个神经元和第 $N-1$ 层的所有神经元相连(这就是 full connected 的含义)，第 $N-1$ 层神经元的输出就是第 $N$ 层神经元的输入。

(4) 每个连接都有一个权值。

(5) 命名习惯。人们平时说的 $N$ 层神经网络，是不把输入层计算在内的。如上面的例子，只能叫作一个两层的神经网络(见图 3-7)，也就是说一个单层神经网络表示的是输入层接输出层，没有隐藏层的网络结构。所以有时候你可能会注意到逻辑回归或 SVM 被看成是单层神经网络，或者叫人工神经网络(artificial neural networks，ANN)或多层感知器(multi-layer perceptrons，MLP)。还有许多人并不喜欢“神经网络”这个称呼，容易联想成生物学的神经元什么的，所以倾向于把神经元(neurons)称为单元(units)。第二个惯例是人们将输入层称为第零层，所以在技术上，图 3-7 仍然是一个三层的神经网络，因为这里有输入层、隐藏层，还有输出层。但是在传统的符号使用中，如果你阅读研究论文或者在这门课中，你会看到人们将这个神经网络称为一个两层的神经网络，因为不将输入层看作一个标准的层。

(6) 输出层。与神经网络其他的层不同，最后的输出层通常情况下没有激活函数(activation function)，这是因为最后一层的输出通常用来表示类别的 score(特别是分类)，通常是实值的数。

(7) 神经网络的大小。衡量某个神经网络有多大，通常有两种方法，1 是神经元的数目，2 是参数的数目，相比之下第二种更常用。比如说以图 3-8 为例。

图 3-8(a)所示的网络共包含 4＋2＝6 个神经元(不包括输入层)，参数则有 3×4＋4×2＝20 个权重，以及 4＋2＝6 个偏差，也就是总共 26 个可学习的参数。

图 3-8(b)所示的网络共包含 4＋4＋1＝9 个神经元，参数则有 3×4＋4×4＋4×1＝12＋16＋4＝32 个权重，以及 4＋4＋1＝9 个偏差，也就是总共 41 个可学习的参数。

实际上，现在所有的深层神经网络通常都包含亿级的参数，并且由 10～20 层网络组成(因此说是 deep learning)。事实上，上述简单模型可以追溯到 20 世纪五六十年代的感知器，可以把感知器理解为一个根据不同因素以及各个因素的重要性程度而做决策的模型。

再来举个例子理解一下神经网络模型，这周末有一草莓音乐节，那去不去呢？决定你是否去有两个因素，这两个因素可以对应两个输入，分别用$x_1$，$x_2$表示。此外，这二个因素对做决策的影响程度不一样，各自的影响程度用权重$w_1$，$w_2$表示。所以，可以如下表示。

(1) $x_1$：是否有喜欢的演唱嘉宾。$x_1=1$ 表示你喜欢这些嘉宾，$x_1=0$ 表示你不喜欢这些嘉宾。嘉宾因素的权重$w_1=7$。

(2) $x_2$：是否有人陪你同去。$x_2=1$ 表示有人陪你同去，$x_2=0$ 表示没人陪你同去。是否有人陪同的权重$w_2=3$。

这样，决策模型便建立起来了，$\sigma$ 表示激活函数，这里的 $b$ 可以理解成为更好达到目标而做调整的偏置项。

一开始为了简单，人们把激活函数定义成一个线性函数，即对于结果做一个线性变化，比如一个简单的线性激活函数是$\sigma(z)=z$，输出都是输入的线性变换。后来实际应用中发现，线性激活函数太过局限，于是人们引入了非线性激活函数。

**3. 几种常见的激活函数**

使用一个神经网络时，需要决定使用哪种激活函数用隐藏层上，哪种用在输出结点上。

(1) sigmoid。sigmoid 非线性激活函数的形式是$\sigma(x)=\dfrac{1}{1+e^{-x}}$，其图形如图 3-9(a)左所示。之前说过，sigmoid 函数输入一个实值的数，然后将其压缩到 0～1 的范围内。特别地，大的负数被映射成 0，大的正数被映射成 1。sigmoid 函数在历史上流行过一段时间因为它能够很好地表达“激活”的意思，未激活就是 0，完全饱和的激活则是 1。而现在 sigmoid 已经不怎么常用了，主要是因为它有两个缺点：

① sigmoid 容易饱和，并且当输入非常大或者非常小时，神经元的梯度就接近于 0 了，从图中可以看出梯度的趋势。这就使得在反向传播算法中反向传播接近于 0 的梯度，导致最终权重基本没什么更新，就无法递归地学习到输入数据了。另外，需要尤其注意参数的初始值来尽量避免 saturation 的情况。如果初始值很大，大部分神经元可能都会处在 saturation 状态而把 gradient 消除掉，这会导致网络变得很难学习。

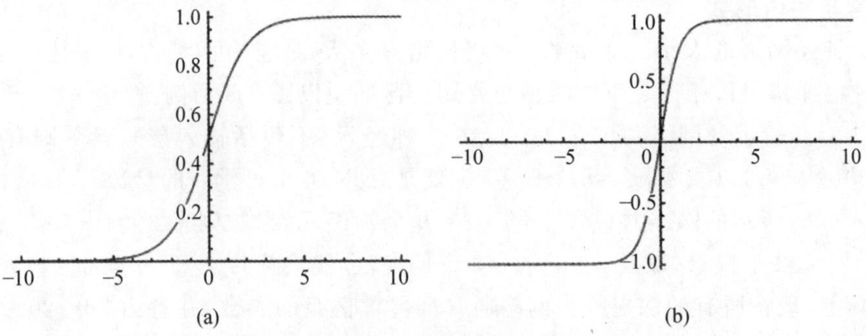


图 3-9　sigmoid 函数和 tanh 激活函数

② sigmoid 的输出不是 0 均值的，这是人们不希望的，因为这会导致后层的神经元的输入是非 0 均值的信号，这会对梯度产生影响：假设后层神经元的输入都为正(例如 $x>0$，elementwise in $f=w^{T}x+bf$)，那么对 $\boldsymbol{w}$ 求局部梯度则都为正，这样在反向传播的过程中 w 要么都往正方向更新，要么都往负方向更新，导致有一种捆绑的效果，使得收敛缓慢。当然了，如果你是按 batch 去训练，那么每个 batch 可能得到不同的符号(正或负)，那么相加一下这个问题还是可以缓解。因此，非 0 均值这个问题虽然会产生一些不好的影响，不过跟上面提到的消除 gradients 问题相比还是要好很多。

(2) tanh。tanh 和 sigmoid 是有异曲同工之妙的，它的图形如图 3-9(b)所示，不同的是它把实值的输入压缩到 $-1\sim1$ 的范围，因此它基本是 0 均值的，也就解决了上述 sigmoid 缺点中的第二个，所以实际中 tanh 会比 sigmoid 更常用。但是它还是存在梯度饱和的问题。tanh 是 sigmoid 的变形：$\tanh(x)=2\sigma(2x)-1$。

(3) ReLU。近年来，ReLU 变得越来越受欢迎。它的数学表达式是 $f(x)=\max(0,x)$。很显然，从图 3-10 可以看出，输入信号小于 0 时，输出为 0；输入信号大于 0 时，输出等于输入。ReLU 的特点如下。

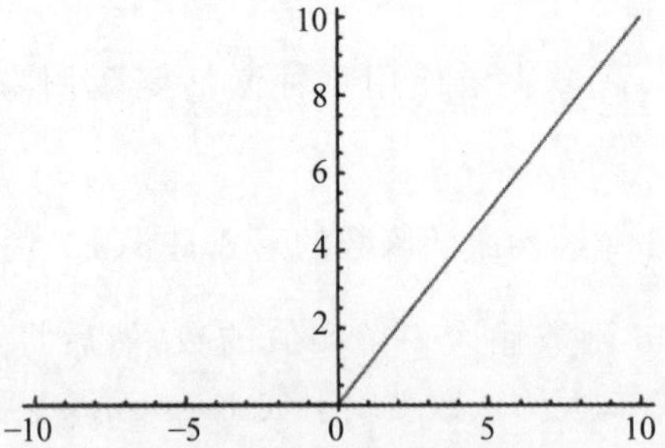


图 3-10　ReLU 激活函数

① 优点：Krizhevsky 等人。发现使用 ReLU 得到的 SGD 的收敛速度会比 sigmoid 或 tanh 快很多(见图 3-9(b))。有人说这是因为它是线性的，而且梯度不会饱和。相比于 sigmoid 和 tanh 需要计算指数等，计算复杂度高，ReLU 只需要一个阈值就可以得到激活值。

② 缺点：ReLU 在训练时很“脆弱”，一不小心有可能导致神经元“坏死”。例如，由于

ReLU 在 $x<0$ 时梯度为 0,这样就导致负的梯度在这个 ReLU 被置"0",而且这个神经元有可能再也不会被任何数据激活。如果这个情况发生了,那么这个神经元之后的梯度就永远是 0 了,也就是 ReLU 神经元坏死了,不再对任何数据有所响应。实际操作中,如果学习率很大,那么很有可能你网络中的 40%的神经元都坏死了。当然,如果设置了一个合适的较小的学习率,这个问题发生的情况其实也不会太频繁。

BP(back propagation)神经网络是 1986 年由 Rumelhart 和 McClelland 为首的科学家提出的概念,是一种按照误差逆向传播算法训练的多层前馈神经网络,是目前应用最广泛的神经网络。

下面,先来简单地回顾一下偏导数的计算和链式法则。比如函数 $f(x,y,z)=(x+y)z$,为了求得 $f$ 对 3 个输入 $x,y,z$ 的偏导(即梯度),可以首先把它看成一个两层的组合函数,分解成 $q=x+y$,$f=qz$。这样逐层地计算偏导数就简单了:$\frac{\partial f}{\partial q}=z$,$\frac{\partial f}{\partial z}=q$;其中 $q$ 又是 $x$ 和 $y$ 的函数,对 $x,y$ 的偏导数又可以写成$\frac{\partial q}{\partial x}=q$,$\frac{\partial q}{\partial y}=1$。那么根据链式法则,$\frac{\partial f}{\partial x}=\frac{\partial f}{\partial q}\frac{\partial q}{\partial x}$,也就是说输出对输入的偏导可以通过两层网络组合得到。如图 3-11 所示,假设代入 $x=-2,y=5,z=-4$,计算上述函数 $f$ 的值和导数分别如图中横线上方数字和横线下方数字所示。可以发现计算值的过程是从输入向输出逐层计算,人们称为前向传播;而计算导数的过程则是从输出向输入逐层计算得,称为反向传播。

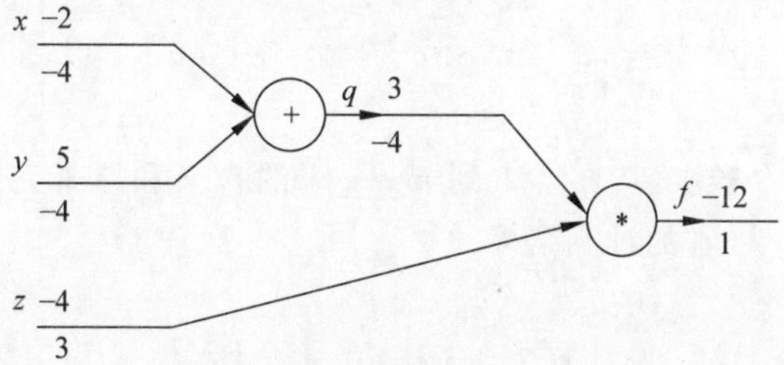


图 3-11　BP 神经网络的计算过程

BP 神经网络的计算过程由前向传播过程和反向传播过程组成。前向传播过程中,输入模式从输入层经隐藏层逐层处理,并转向输出层,每一层神经元的状态只影响下一层神经元的状态。如果在输出层不能得到期望的输出,则转入反向传播,将误差信号沿原来的连接通路返回,通过修改各神经元的权值,使得误差信号最小。

## 3.1　前向传播

若使用以下符号约定,$w_{jk}^{[l]}$ 表示从网络 $l-1$ 层中第 $k$ 个神经元指向 $l$ 层中第 $j$ 个神经元的连接权重,比如$w_{21}^{[2]}$即从第 1 层第一个神经元指向第 2 层第 2 个神经元的权重。同理,使用$b_j^{[l]}$来表示第 $l$ 层中第 $j$ 个神经元的偏差,用$z_j^{[l]}$来表示第 $l$ 层中第 $j$ 个神经元的线性结果,用$a_j^{[1]}$来表示第 $l$ 层中第 $j$ 个神经元的激活。因此,第 $l$ 层中第 $j$ 个神经元的激活为

$$a_j^{[l]}=\sigma\left(\sum_k w_{jk}^{[l]}\, a_j^{[l-1]}+b_j^{[l]}\right)$$

使用矩阵形式重写这个公式，定义 $\boldsymbol{w}^{l}$ 表示权重矩阵，它的每一个元素表示一个权重，即每一行都是连接第 $l$ 层的权重，即

$$\boldsymbol{w}^{[2]}=\begin{bmatrix} w_{11}^{[2]} & w_{12}^{[2]} & w_{13}^{[2]} \\ w_{21}^{[2]} & w_{22}^{[2]} & w_{23}^{[2]} \end{bmatrix}$$

同理，

$$\boldsymbol{b}^{[2]}=\begin{bmatrix} b_{1}^{[2]} \\ b_{2}^{[2]} \end{bmatrix}$$

$$\boldsymbol{z}^{[2]}=\begin{bmatrix} w_{11}^{[2]} & w_{12}^{[2]} & w_{13}^{[2]} \\ w_{21}^{[2]} & w_{22}^{[2]} & w_{23}^{[2]} \end{bmatrix}\begin{bmatrix} a_{1}^{[1]} \\ a_{2}^{[1]} \\ a_{3}^{[1]} \end{bmatrix}+\begin{bmatrix} b_{1}^{[2]} \\ b_{2}^{[2]} \end{bmatrix}=\begin{bmatrix} w_{11}^{[2]}\ a_{1}^{[1]}+w_{12}^{[2]}\ a_{2}^{[1]}+w_{13}^{[2]}\ a_{3}^{[1]}+b_{1}^{[2]} \\ w_{21}^{[2]}\ a_{1}^{[1]}+w_{22}^{[2]}\ a_{2}^{[1]}+w_{23}^{[2]}\ a_{3}^{[1]}+b_{1}^{[2]} \end{bmatrix}$$

更一般地，可以把前向传播过程表示为

$$\boldsymbol{a}^{[l]}=\sigma\left(w^{[l]}a^{[l-1]}+b^{[l]}\right)$$

至此，已经说清楚了前向传播的过程，值得注意的是，这里只有一个输入样本，对于多个样本同时输入的情况是一样的，只不过输入向量不再是一列，而是 $m$ 列，每一个都表示一个输入样本。

多样本输入情况下的表示为

$$\boldsymbol{z}^{[l]}=w^{[l]}a^{[l-1]}$$

$$\boldsymbol{a}^{[l-1]}=\begin{bmatrix} \vdots & \vdots & \cdots & \vdots \\ a^{[l-1](1)} & a^{[l-1](2)} & \cdots & a^{[l-1](m)} \\ \vdots & \vdots & \cdots & \vdots \end{bmatrix}$$

每一列都表示一个样本，从样本 1 到 $m$；$w^{[l]}$ 的含义和原来完全一样，$z^{[l]}$ 也会变成 $m$ 列，每一列表示一个样本的计算结果。

## 3.2 反向传播

反向传播的基本思想就是通过计算输出层与期望值之间的误差来调整网络参数，从而使得误差变小。反向传播的思想很简单，然而人们认识到它的重要作用却经过了很长的时间。后向传播算法产生于 1970 年，但它的重要性一直到 David Rumelhart、Geoffrey Hinton 和 Ronald Williams 于 1986 年合著的论文发表才被重视。

**1. 反向传播的由来**

在所有应用问题中（不管网络结构、训练手段如何变化）目标是不会变的，那就是网络的权值和偏置最终都变成一个最好的值，这个值让人们由输入可以得到理想的输出，于是问题就变成了 $y=f(\boldsymbol{x},\boldsymbol{w},\boldsymbol{b})$，其中 $\boldsymbol{x}$ 是输入，$\boldsymbol{w}$ 是权值，$\boldsymbol{b}$ 为偏置，所有这些量都可以有多个，比如多个 $x_1,x_2,x_3$……最后 $f()$就好比网络一定可以用一个函数来表示，人们不需要知道 $f(\boldsymbol{x})$具体是怎样的函数，人们会一直就认为只要是函数就一定是可表示的，像 $f(\boldsymbol{x})=\sin(x)$一样，但是请摈弃这样的错误观念，在此需要知道一系列的 $\boldsymbol{w}$ 和 $\boldsymbol{b}$ 决定了一个函数 $f(\boldsymbol{x})$，这个函数由输入可以计算出合理的 $y$ 最后的目标就变成了尝试不同的

$\boldsymbol{w}, \boldsymbol{b}$ 值，使得最后的 $\boldsymbol{y}=f(\boldsymbol{x})$ 无限接近希望得到的值 $t$。

但是这个问题依然很复杂，把它简化一下，让 $(y-t)^2$ 的值尽可能的小。于是原先的问题化为了 $C(\boldsymbol{w},\boldsymbol{b})=(f(\boldsymbol{x},\boldsymbol{w},\boldsymbol{b})-t)^2$ 取到一个尽可能小的值。这个问题不是一个困难的问题，不论函数如何复杂，如果 $C$ 降低到了一个无法再降低的值，那么就取到了最小值(假设不考虑局部最小的情况)。

如何下降？对于一个多变量的函数 $f(\boldsymbol{a},\boldsymbol{b},\boldsymbol{c},\cdots)$，可以求得一个向量，即该函数的梯度，需要注意的是，梯度是一个方向向量，它表示这个函数在该点变化率最大的方向(定理此处不再赘述，翻阅高等数学教材)，于是 $C(\boldsymbol{w},\boldsymbol{b})$ 的变化量 $\Delta C$ 就可以表示为

$$\frac{\partial C}{\partial \boldsymbol{w}_1}\Delta \boldsymbol{w}_1+\frac{\partial C}{\partial w_2}\Delta \boldsymbol{w}_2+\cdots+\frac{\partial C}{\partial b_1}\Delta \boldsymbol{b}_1+\frac{\partial C}{\partial b_2}\Delta \boldsymbol{b}_2+\cdots$$

其中 $\Delta \boldsymbol{w}_1$、$\Delta \boldsymbol{b}_1$ 等是该点上的微小变化，可以随意指定这些微小变化，只需要保证 $\Delta C<0$ 就可以了，但是为了更快的下降，为何不选在梯度方向上做变化呢？

事实上，梯度下降的思想就是这样考虑的，使得 $\Delta \boldsymbol{w}=-\eta\dfrac{\partial C}{\partial \boldsymbol{w}}$ 而保证 $C$ 一直递减，而对于 $\boldsymbol{w}$ 来说只要每次更新 $\boldsymbol{w}'=\boldsymbol{w}-\eta\dfrac{\partial C}{\partial \boldsymbol{w}}$ 即可。

到这里，似乎所有的问题都解决了，重新整理一下思绪，将问题转化了很多步：网络权值偏置更新问题→$f(\boldsymbol{x},\boldsymbol{w},\boldsymbol{b})$ 的结果逼近 $t$→$C(\boldsymbol{w},\boldsymbol{b})=(f(\boldsymbol{x},\boldsymbol{w},\boldsymbol{b})-t)^2$ 取极小值问题→$C(\boldsymbol{w},\boldsymbol{b})$ 按梯度下降问题→取到极小值，网络达到最优。

**2. 反向传播算法**

所谓反向传播，就是计算梯度的方法。BP 算法正是用来求解这种多层复合函数的所有变量的偏导数的利器。

下面以求 $e=(a+b)(b+1)$ 的偏导为例。

它的复合关系图表示如图 3-12 所示。

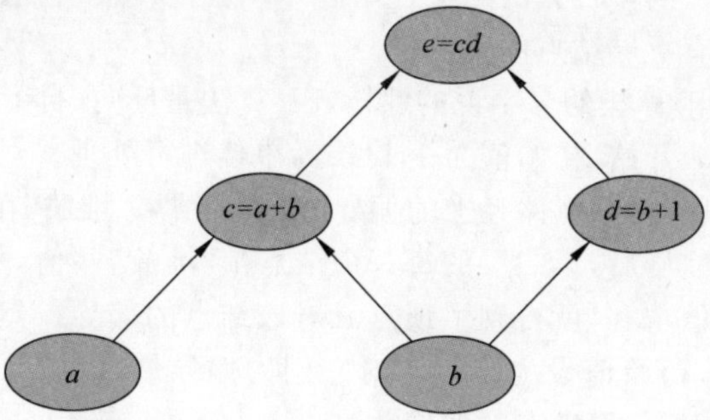


图 3-12　$e=(a+b)(b+1)$ 的复合关系图

在图 3-12 中引入了中间变量 $c,d$。假设输入 $a=2,b=1$，在这种情况下，很容易求出相邻结点之间的偏导关系，如图 3-13 所示。

利用链式法则：

$$\frac{\partial e}{\partial a}=\frac{\partial e}{\partial c}\frac{\partial c}{\partial a}$$

及

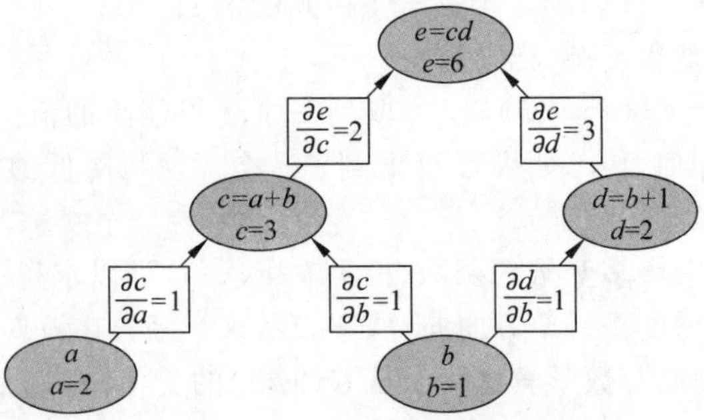


图 3-13　$e=(a+b)(b+1)$的偏导关系图

$$\frac{\partial e}{\partial b}=\frac{\partial e}{\partial c}\frac{\partial c}{\partial b}+\frac{\partial e}{\partial d}\frac{\partial d}{\partial b}$$

链式法则在图 3-13 中的意义是什么呢？其实不难发现，$\frac{\partial e}{\partial a}$的值等于从 $a$ 到 $e$ 的路径上的偏导值的乘积，而$\frac{\partial e}{\partial b}$的值等于从 $b$ 到 $e$ 的路径 1($b\to c\to e$)上的偏导值的乘积加上路径2($b\to d\to e$)上的偏导值的乘积。也就是说，对于上层结点 $p$ 和下层结点 $q$，要求得$\frac{\partial p}{\partial q}$，需要找到从 $q$ 结点到 $p$ 结点的所有路径，并且对每条路径，求得该路径上的所有偏导数之乘积，然后将所有路径的"乘积"累加起来才能得到$\frac{\partial p}{\partial q}$的值。

大家也许已经注意到，这样做是十分冗余的，因为很多路径被重复访问了。比如图 3-13 中，$a\to c\to e$ 和 $b\to c\to e$ 就都走了路径 $c\to e$。对于权值动则数万的深度模型中的神经网络，这样的冗余所导致的计算量是相当大的。

同样是利用链式法则，BP 算法则机智地避开了这种冗余，它对于每一个路径只访问一次就能求顶点对所有下层结点的偏导值。

正如反向传播(BP)算法的名字说的那样，BP 算法是反向(自上往下)来寻找路径的。

从最上层的结点 $e$ 开始，初始值为 1，以层为单位进行处理。对于 $e$ 的下一层的所有子结点，将 1 乘以 $e$ 到某个结点路径上的偏导值，并将结果"堆放"在该子结点中。等 $e$ 所在的层按照这样传播完毕后，第二层的每一个结点都"堆放"些值，然后针对每个结点，把它里面所有"堆放"的值求和，就得到了顶点 $e$ 对该结点的偏导。然后将这些第二层的结点各自作为起始顶点，初始值设为顶点 $e$ 对它们的偏导值，以层为单位重复上述传播过程，即可求出顶点 $e$ 对每一层结点的偏导数。

以图 3-13 为例，结点 $c$ 接受 $e$ 发送的 $1\times2$ 并堆放起来，结点 $d$ 接受 $e$ 发送的 $1\times3$ 并堆放起来，至此第二层完毕，求出各结点总堆放量并继续向下一层发送。结点 $c$ 向$a$ 发送 $2\times1$ 并对堆放起来，结点 $c$ 向$b$ 发送 $2\times1$ 并堆放起来，结点 $d$ 向$b$ 发送 $3\times1$ 并堆放起来，至此第三层完毕，结点 $a$ 堆放起来的量为 2，结点 $b$ 堆放起来的量为 $2\times1+3\times1=5$，即顶点 $e$ 对 $b$ 的偏导数为 5。

# 第 4 章 支持向量机

## 4.1 问题提出

给定训练样本集 $D=\{(\boldsymbol{x}_1,\boldsymbol{y}_1),(\boldsymbol{x}_2,\boldsymbol{y}_2),\cdots,(\boldsymbol{x}_m,\boldsymbol{y}_m)\}$，$\boldsymbol{y}_i\in\{-1,+1\}$，其中 $\boldsymbol{x}_i$ 表示第 $i$ 个样本的输入或特征，$\boldsymbol{y}_i\in\{-1,+1\}$ 表示第 $i$ 个样本的输出或分类结果，$m$ 表示样本的个数。分类问题是基于样本集 $\boldsymbol{D}$ 在特征空间中找到一个最佳划分超平面，将正负两类数据分开。线性空间的超平面所对应的模型可以表示为

$$f(\boldsymbol{x})=\boldsymbol{w}^{\mathrm{T}}\boldsymbol{x}+\boldsymbol{b} \tag{4-1}$$

其中，$\boldsymbol{w}=[\boldsymbol{w}_1,\boldsymbol{w}_2,\cdots,\boldsymbol{w}_d]^{\mathrm{T}}$ 及 $\boldsymbol{b}$ 表示模型参数。当 $f(\boldsymbol{x})=0$ 时，点 $x$ 是超平面上的点；而当 $f(\boldsymbol{x})>0$ 时，点 $\boldsymbol{x}$ 是属于类 $y=1$ 的数据点；但 $f(\boldsymbol{x})<0$ 时，$\boldsymbol{x}$ 属于类 $y=-1$ 的数据点。

如何根据数据集 $\boldsymbol{D}$ 确定参数$(\boldsymbol{w},\boldsymbol{b})$从而给出最优的超平面 $f(\boldsymbol{x})=\boldsymbol{w}^{\mathrm{T}}\boldsymbol{x}+\boldsymbol{b}$ 呢？图 4-1 为观测的两类样本点，输入数据是一个二维向量，为二维平面上的点，样本标记包括{+,−}两类，此时的超平面为二维空间中直线，此时的二分类问题是找一条直线将两类数据分来。如图 4-1 中所示的 5 个超平面都可以将数据正确分开，而且还有更多的超平面都可以将数据正确分开，哪一个超平面最好呢？直观地看，应该找位于两类分类样本正中间的那个分类超平面，如图中粗线表示的那个。因为该划分超平面对训练样本局部扰动的"容忍"性最好，比如，除训练集外，可能还有其他数据更接近两类数据的分割界，这会使许多分割超平面出错，而如图 4-1 所示粗线表示的超平面出错的概率最小。那如何来刻画哪个分割超平面最优？如何来找到这条最优划分超平面呢？支持向量机（support vector machine，SVM）采用样本间隔来刻画就能找到最优的超平面。

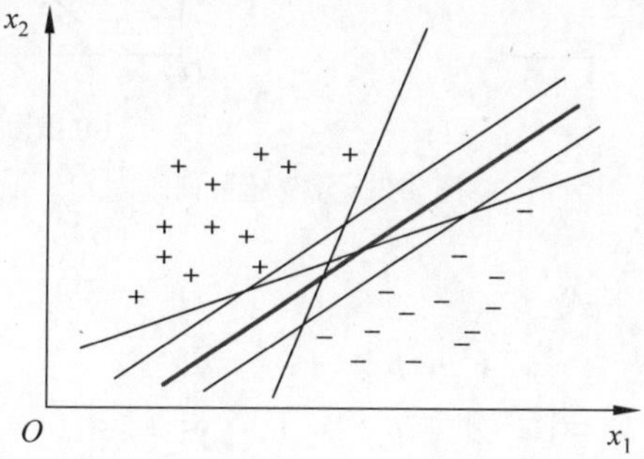


图 4-1　存在多个划分超平面将两类训练样本分开

支持向量机是用来解决二分类问题的有监督学习算法。其基本思想是在特征空间中找到最佳的分割超平面使得训练集上正负两类样本间隔最大。

## 4.2　SVM 问题

### 4.2.1　支持向量与样本间隔

在特征空间中，超平面可通过如下线性方程来描述：

$$\boldsymbol{w}^{\mathrm{T}}\boldsymbol{x}+\boldsymbol{b}=0 \tag{4-2}$$

其中参数 $\boldsymbol{w}=[\boldsymbol{w}_1,\boldsymbol{w}_2,\cdots,\boldsymbol{w}_d]^{\mathrm{T}}$ 为法向量，决定了超平面的方向；参数 $\boldsymbol{b}$ 为位移项，决定了超平面与原点之间的距离。特征空间中任意点 $\boldsymbol{x}$ 到超平面的距离为

$$r=\frac{|\boldsymbol{w}^{\mathrm{T}}\boldsymbol{x}+\boldsymbol{b}|}{\|\boldsymbol{w}\|} \tag{4-3}$$

其中，$\|\boldsymbol{w}\|$ 表示二范数 $\|\boldsymbol{w}\|=\left(\sum_{i=1}^{d}\boldsymbol{w}_i^2\right)^{1/2}$。

首先分析特征空间中，样本点到分割超平面的距离。如图 4-2 所示，所有样本点中，距离超平面最近的点比较特殊，也很重要，首先分析这一类点的一些性质。如图 4-2(a) 所示，假设某超平面$\boldsymbol{w}^{\mathrm{T}}\boldsymbol{x}+\boldsymbol{b}^0=0$ 可以将训练样本正确分类，即对于所有$(\boldsymbol{x}_i,\boldsymbol{y}_i)\in\boldsymbol{D}$：若 $\boldsymbol{y}_i=+1$，则有 $\boldsymbol{w}^{\mathrm{T}}\boldsymbol{x}_i+\boldsymbol{b}^0>0$；若 $y_i=-1$，则有 $\boldsymbol{w}^{\mathrm{T}}\boldsymbol{x}_i+\boldsymbol{b}^0<0$。此时将超平面 $\boldsymbol{w}^{\mathrm{T}}\boldsymbol{x}+\boldsymbol{b}^0=0$ 分别向上向下平移 $\boldsymbol{b}^+$ 和 $\boldsymbol{b}^-$，使两条直线分别刚好覆盖到离超平面最近的点，即得到另外两个超平面 $\boldsymbol{w}^{\mathrm{T}}\boldsymbol{x}+\boldsymbol{b}^0=\boldsymbol{b}^+$ 和 $\boldsymbol{w}^{\mathrm{T}}\boldsymbol{x}+\boldsymbol{b}^0=\boldsymbol{b}^-$。令 $\boldsymbol{b}=\boldsymbol{b}^0-\boldsymbol{b}^++1$，且 $\boldsymbol{b}^0-\boldsymbol{b}^--1=\boldsymbol{b}^0-\boldsymbol{b}^++1$，则分别覆盖边缘数据点的超平面可表示为 $\boldsymbol{w}^{\mathrm{T}}\boldsymbol{x}+\boldsymbol{b}=1$ 和 $\boldsymbol{w}^{\mathrm{T}}\boldsymbol{x}+\boldsymbol{b}=-1$，两个超平面之间的最优分割超平面可表示为 $\boldsymbol{w}^{\mathrm{T}}\boldsymbol{x}+\boldsymbol{b}=0$，具体如图 4-2(b)所示。

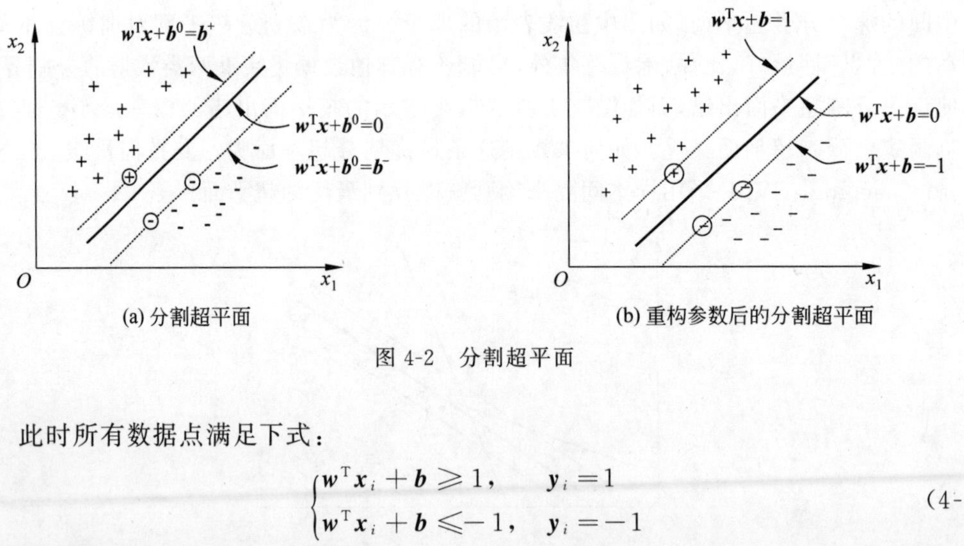


(a) 分割超平面　　(b) 重构参数后的分割超平面

图 4-2　分割超平面

此时所有数据点满足下式：

$$\begin{cases}\boldsymbol{w}^{\mathrm{T}}\boldsymbol{x}_i+\boldsymbol{b}\geqslant 1, & \boldsymbol{y}_i=1\\ \boldsymbol{w}^{\mathrm{T}}\boldsymbol{x}_i+\boldsymbol{b}\leqslant -1, & \boldsymbol{y}_i=-1\end{cases} \tag{4-4}$$

距离超平面最近的这几个训练样本点使式(4-4)的等号成立，它们被称为支持向量(support vector)，如图 4-3 所示。将支持向量带入距离计算式(4-3)，可计算支持向量距离超平面 $\boldsymbol{w}^{\mathrm{T}}\boldsymbol{x}+\boldsymbol{b}=0$ 的距离为

$$r=\frac{|\boldsymbol{w}^{\mathrm{T}}\boldsymbol{x}+\boldsymbol{b}|}{\|\boldsymbol{w}\|}=\frac{1}{\|\boldsymbol{w}\|} \tag{4-5}$$

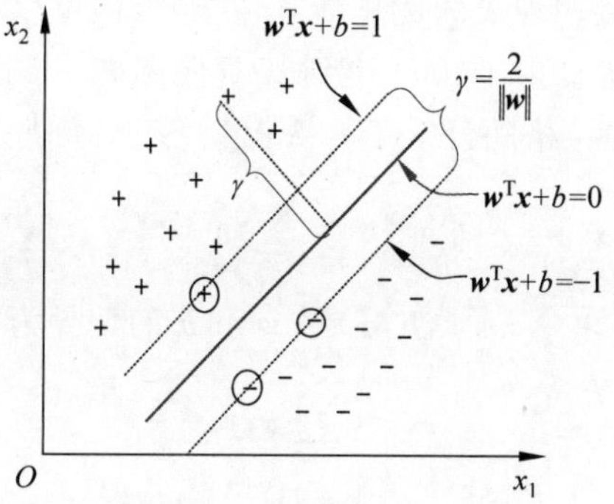

图 4-3　支持向量与间隔

两个异类支持向量到超平面的距离之和为

$$r=\frac{2}{\|\boldsymbol{w}\|} \tag{4-6}$$

它被称为样本间隔(margin)。

### 4.2.2　支持向量机形式化描述

SVM 是在特征空间中找到最佳的分离超平面使得训练集上正负两类样本间隔最大。要找到具有最大间隔(maximum margin)的划分超平面,也就是要找到能满足式(4-4)中约束的参数 $\boldsymbol{w}$ 和 $\boldsymbol{b}$ 使得 $r$ 最大。

SVM 问题的形式化描述如下:已知数据集 $D=\{(\boldsymbol{x}_1,\boldsymbol{y}_1),(\boldsymbol{x}_2,\boldsymbol{y}_2),\cdots,(\boldsymbol{x}_m,\boldsymbol{y}_m)\}$, $\boldsymbol{y}_i\in\{-1,+1\}$,SVM 问题是找出满足下面优化问题的参数 $\boldsymbol{w}$ 及 $\boldsymbol{b}$,此时的分割超平面 $\boldsymbol{w}^{\mathrm{T}}\boldsymbol{x}+\boldsymbol{b}=0$ 是具有最大样本间隔的分割超平面。该优化问题为

$$\begin{aligned}&\max_{w,b}\frac{2}{\|\boldsymbol{w}\|}\\&\text{s.t.}\quad \boldsymbol{y}_i(\boldsymbol{w}^{\mathrm{T}}\boldsymbol{x}_i+\boldsymbol{b})\geqslant 1,\quad i=1,2,\cdots,m\end{aligned} \tag{4-7}$$

显然,为了最大化间隔,仅需最大化 $\|\boldsymbol{w}\|^{-1}$,这等价于最小化 $\|\boldsymbol{w}\|^2$。于是,优化问题式(4-7)可重写为

$$\begin{aligned}&\min_{w,b}\frac{1}{2}\|\boldsymbol{w}\|^2\\&\text{s.t.}\ y_i(\boldsymbol{w}^{\mathrm{T}}\boldsymbol{x}_i+\boldsymbol{b})\geqslant 1,\quad i=1,2,\cdots,m\end{aligned} \tag{4-8}$$

## 4.3　对偶问题

### 4.3.1　SVM 问题的对偶问题

人们希望求解式(4-8)来得到最大间隔划分超平面所对应的模型

$$f(\boldsymbol{x})=\boldsymbol{w}^{\mathrm{T}}\boldsymbol{x}+\boldsymbol{b} \tag{4-9}$$

其中,$\boldsymbol{w}$ 和 $\boldsymbol{b}$ 是模型参数。注意式(4-8)本身是一个凸二次规划(convex quadratic programming)问题，能直接用现成的优化计算包求解，但可以有更高效的办法。

对式(4-8)使用拉格朗日乘子法可得到其对偶问题(dual problem)。具体来说，对式(4-8)中的每条约束添加拉格朗日乘子 $\alpha_i \geqslant 0$，则 SVM 问题的拉格朗日函数可写为

$$L(\boldsymbol{w},\boldsymbol{b},\boldsymbol{\alpha})=\frac{1}{2}\|\boldsymbol{w}\|^2+\sum_{i=1}^{m}\boldsymbol{\alpha}_i[1-y_i(\boldsymbol{w}^{\mathrm{T}}\boldsymbol{x}_i+\boldsymbol{b})] \tag{4-10}$$

其中，$\boldsymbol{\alpha}=[\boldsymbol{\alpha}_1,\boldsymbol{\alpha}_2,\cdots,\boldsymbol{\alpha}_m]^{\mathrm{T}}$。令 $L(\boldsymbol{w},\boldsymbol{b},\boldsymbol{\alpha})$对 $\boldsymbol{w}$ 和 $\boldsymbol{b}$ 的偏导为零可得

$$\boldsymbol{w}=\sum_{i=1}^{m}\boldsymbol{\alpha}_i\boldsymbol{y}_i\boldsymbol{x}_i \tag{4-11}$$

$$0=\sum_{i=1}^{m}\boldsymbol{\alpha}_i\boldsymbol{y}_i \tag{4-12}$$

将式(4-11)代入 $L(\boldsymbol{w},\boldsymbol{b},\boldsymbol{\alpha})$并进行简单化简可得

$$L(\boldsymbol{w},\boldsymbol{b},\boldsymbol{\alpha})=\sum_{i=1}^{m}\alpha_i-\frac{1}{2}\sum_{i=1}^{m}\sum_{j=1}^{m}\boldsymbol{\alpha}_i\boldsymbol{\alpha}_j\boldsymbol{y}_i\boldsymbol{y}_j\boldsymbol{x}_i^{\mathrm{T}}\boldsymbol{x}_j-\boldsymbol{b}\sum_{i=1}^{m}\boldsymbol{\alpha}_i\boldsymbol{y}_i$$

将式(4-12)带入上式，则得到

$$L(\boldsymbol{w},\boldsymbol{b},\boldsymbol{\alpha})=\sum_{i=1}^{m}\boldsymbol{\alpha}_i-\frac{1}{2}\sum_{i=1}^{m}\sum_{j=1}^{m}\boldsymbol{\alpha}_i\boldsymbol{\alpha}_j\boldsymbol{y}_i\boldsymbol{y}_j\boldsymbol{x}_i^{\mathrm{T}}\boldsymbol{x}_j$$

上式是通过关于 $\boldsymbol{w}$ 和 $\boldsymbol{b}$ 最小化 $L(\boldsymbol{w},b,\boldsymbol{\alpha})$得到。结合约束条件 $\boldsymbol{\alpha}_i\geqslant 0$ 和式(4-12)，可以得到 SVM 问题式(4-8)的对偶问题

$$\begin{aligned}&\max_{\alpha}\sum_{i=1}^{m}\boldsymbol{\alpha}_i-\frac{1}{2}\sum_{i=1}^{m}\sum_{j=1}^{m}\boldsymbol{\alpha}_i\boldsymbol{\alpha}_j\boldsymbol{y}_i\boldsymbol{y}_j\boldsymbol{x}_i^{\mathrm{T}}\boldsymbol{x}_j\\&\text{s.t.}\quad\sum_{i=1}^{m}\boldsymbol{\alpha}_i\boldsymbol{y}_i=0\\&\qquad\ \boldsymbol{\alpha}_i\geqslant 0,\quad i=1,2,\cdots,m\end{aligned} \tag{4-13}$$

解出$\boldsymbol{\alpha}$ 后，带入式(4-11)可求出 $\boldsymbol{w}$。此时可通过下式求解参数 $\boldsymbol{b}$

$$\boldsymbol{b}=-\frac{\max_{i;y_i=-1}\boldsymbol{w}^{\mathrm{T}}\boldsymbol{x}+\min_{i;y_i=1}\boldsymbol{w}^{\mathrm{T}}\boldsymbol{x}}{2}$$

根据 $\boldsymbol{w}$ 与 $\boldsymbol{b}$ 即可得到模型

$$\begin{aligned}f(\boldsymbol{x})&=\boldsymbol{w}^{\mathrm{T}}\boldsymbol{x}+\boldsymbol{b}\\&=\sum_{i=1}^{m}\boldsymbol{\alpha}_i\boldsymbol{y}_i\boldsymbol{x}_i^{\mathrm{T}}\boldsymbol{x}+\boldsymbol{b}\end{aligned} \tag{4-14}$$

### 4.3.2 对偶问题再讨论

从对偶问题式(4-13)解出的是拉格朗日函数 $L(\boldsymbol{w},\boldsymbol{b},\boldsymbol{\alpha})$中的拉格朗日乘子$\boldsymbol{\alpha}$，根据拉格朗日乘子的定义，每个拉格朗日乘子$\boldsymbol{\alpha}_i$对应着训练样本$(\boldsymbol{x}_i,\boldsymbol{y}_i)$。注意式(4-8)中有不等式约束，因此上述对偶求解过程需满足 KKT(Karush-Kuhn-Tucker)条件，即要求

$$\begin{cases}\boldsymbol{\alpha}_i\geqslant 0;\\\boldsymbol{y}_if(\boldsymbol{x}_i)-1\geqslant 0\\\boldsymbol{\alpha}_i[\boldsymbol{y}_if(\boldsymbol{x}_i)-1]=0\end{cases} \tag{4-15}$$

其中,式(4-15)中第一个约束条件是拉格朗日乘子条件,第二个约束条件是样本数据的约束条件,第三个约束条件是指对于非支撑向量的点约束条件不起作用。根据式(4-15)的第三个约束条件,对任意训练样本$(\boldsymbol{x}_i, \boldsymbol{y}_i)$,总有$\boldsymbol{\alpha}_i=0$或$\boldsymbol{y}_i f(\boldsymbol{x}_i)=1$。若$\boldsymbol{\alpha}_i=0$,则该样本将不会在式(4-14)的求和中出现,也就不会对$f(\boldsymbol{x})$有任何影响;若$\boldsymbol{\alpha}_i>0$,则必有$\boldsymbol{y}_i f(\boldsymbol{x}_i)=1$,所对应的样本点位于最大间隔边界上,是一个支持向量。这显示出支持向量机的一个重要性质:训练完成后,大部分的训练样本都不需要保留,最终模型仅与支持向量有关。

假如已知数据集$D$,已经根据优化式(4-13)解出参数$\boldsymbol{\alpha}$,并根据式(4-11)计算出参数$\boldsymbol{w}$和$\boldsymbol{b}$,现在讨论一下如何对新的数据点$\boldsymbol{x}$进行预测。我们会计算出$f(\boldsymbol{x})=\boldsymbol{w}^{\mathrm{T}}\boldsymbol{x}+\boldsymbol{b}$,当$f(\boldsymbol{x})>0$,会预测$\boldsymbol{x}$属于类$\{+\}$,即$y=1$。将式$\boldsymbol{w}=\sum_{i=1}^{m}\boldsymbol{\alpha}_i\boldsymbol{y}_i\boldsymbol{x}_i$带入分割超平面模型可得

$$
\begin{aligned}
f(\boldsymbol{x}) &= \boldsymbol{w}^{\mathrm{T}}\boldsymbol{x}+\boldsymbol{b} \\
&= \sum_{i=1}^{m}\boldsymbol{\alpha}_i\boldsymbol{y}_i\,\boldsymbol{x}_i^{\mathrm{T}}\boldsymbol{x}+\boldsymbol{b} \\
&= \sum_{i=1}^{m}\boldsymbol{\alpha}_i\boldsymbol{y}_i(\boldsymbol{x}_i, \boldsymbol{x})+\boldsymbol{b}
\end{aligned}
$$

从式中可以看出,对新数据点$\boldsymbol{x}$进行预测时,只需要计算新数据点$\boldsymbol{x}$与训练集中的点$\boldsymbol{x}_i$之间的内积$(\boldsymbol{x}_i, \boldsymbol{x})$。同时根据刚才的分析可知,只有支持向量对应的参数$\boldsymbol{\alpha}_i>0$,其余的非支持向量对应的参数$\boldsymbol{\alpha}_i=0$。所以当预测一个新的数据点的类别时,只需要计算新的数据点与支持向量之间的内积。

### 4.3.3 对偶问题求解

优化问题式(4-13)是一个二次规划问题,可使用通用的二次规划算法来求解;然而,该问题的规模正比于训练样本数,这会在实际任务中造成很大的开销。为了避开这个障碍,人们通过利用问题本身的特性,提出了很多高效算法,SMO(sequential minimal optimization)是其中一个著名的代表。

SMO的基本思路是先固定$\boldsymbol{\alpha}_i$之外的所有参数,然后求$\boldsymbol{\alpha}_i$上的极值。由于存在约束$\sum_{i=1}^{m}\boldsymbol{\alpha}_i\boldsymbol{y}_i=0$,若固定$\alpha_i$之外的其他变量,则$\boldsymbol{\alpha}_i$可由其他变量导出,于是SMO每次选择两个变量$\boldsymbol{\alpha}_i$和$\boldsymbol{\alpha}_j$,并固定其他参数。这样,在参数初始化后,SMO不断执行如下两个步骤直至收敛。

(1) 选取一对需更新的变量$\boldsymbol{\alpha}_i$和$\boldsymbol{\alpha}_j$。

(2) 固定$\boldsymbol{\alpha}_i$和$\boldsymbol{\alpha}_j$以外的参数,求解式(4-13)获得更新后的$\boldsymbol{\alpha}_i$和$\boldsymbol{\alpha}_j$。

**注意**:只需选取的$\boldsymbol{\alpha}_i$和$\boldsymbol{\alpha}_j$中有一个不满足KKT条件式(4-15),目标函数就会在迭代后减小。直观来看,KKT条件违背的程度越大,则变量更新后可能导致的目标函数值减幅越大。于是,SMO先选取违背KKT条件程度最大的变量。第二个变量应选择一个使目标函数值减小最快的变量,但由于比较各变量所对应的目标函数值减幅的复杂度过高,因此SMO采用了一个启发式:使选取的两变量所对应样本之间的间隔最大。一种直

观的解释是，这样的两个变量有很大的差别，与对两个相似的变量进行更新相比，对它们进行更新会带给目标函数值更大的变化。

SMO 算法之所以高效，恰由于在固定其他参数后，仅优化两个参数的过程能做到非常高效。具体来说，仅考虑$\boldsymbol{\alpha}_i$和$\boldsymbol{\alpha}_j$时，式(4-13)中的约束可重写为

$$\boldsymbol{\alpha}_i \boldsymbol{y}_i + \alpha_j \boldsymbol{y}_j = c, \quad \boldsymbol{\alpha}_i \geqslant 0, \boldsymbol{\alpha}_j \geqslant 0 \tag{4-16}$$

其中

$$c = -\sum_{k \neq i,j} \alpha_k y_k \tag{4-17}$$

是使 $\sum_{i=1}^{m} \boldsymbol{\alpha}_i \boldsymbol{y}_i = 0$ 成立的常数。用

$$\boldsymbol{\alpha}_i \boldsymbol{y}_i + \boldsymbol{\alpha}_j \boldsymbol{y}_y = c \tag{4-18}$$

消去式(4-13)中的变量 $\alpha_j$，则得到一个关于单变量的二次规划问题，仅有的约束是 $\alpha_i \geqslant 0$。不难发现，这样的二次规划问题具有闭式解，于是不必调用数值优化算法即可高效地计算出更新后的$\boldsymbol{\alpha}_i$和$\boldsymbol{\alpha}_j$。

如何确定偏置项 $\boldsymbol{b}$ 呢？注意到对任意支持向量$(\boldsymbol{x}_s, \boldsymbol{y}_s)$都有 $\boldsymbol{y}_s f(\boldsymbol{x}_s) = 1$，即

$$\boldsymbol{y}_s \Big( \sum_{i \in S} \boldsymbol{\alpha}_i \boldsymbol{y}_i \boldsymbol{x}_i^{\mathrm{T}} \boldsymbol{x}_s + \boldsymbol{b} \Big) = 1 \tag{4-19}$$

其中，$S = \{i \mid \boldsymbol{\alpha}_i > 0, i = 1, 2, \cdots, m\}$为所有支持向量的下标集。理论上，可选取任意支持向量并通过求解式(4-19)获得 $b$，但现实任务中常采用一种更鲁棒的做法：使用所有支持向量求解的平均值

$$b = \frac{1}{|S|} \sum_{s \in S} \Big( \boldsymbol{y}_s - \sum_{i \in s} \boldsymbol{\alpha}_i \boldsymbol{y}_i \boldsymbol{x}_i^{\mathrm{T}} \boldsymbol{x}_s \Big) \tag{4-20}$$

## 4.4 核 函 数

### 4.4.1 如何处理非线性可分数据

在本章前面的讨论中，假设训练是线性可分的，即存在一个划分超平面能将训练样本正确分类。然而在现实任务中，原始样本空间内也许并不存在一个能正确划分两类样本的超平面。例如图 4-4 中的“异或”问题就不是线性可分的。

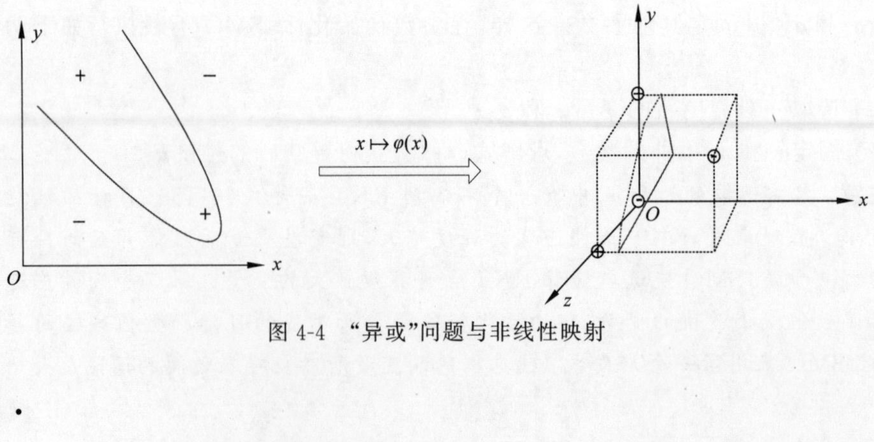


图 4-4 “异或”问题与非线性映射

对于这样的问题,可将样本从原始空间映射到一个更高维的特征空间,使得样本在这个特征空间线性可分。例如在图 4-4 中,若将原始的二维空间映射到一个合适的三维空间,就能找到一个合适的划分超平面。幸运的是,如果原始空间是有限维,即属性数有限,那么一定存在一个高维特征空间是样本可分。

令 $\varphi(\boldsymbol{x})$表示将 $\boldsymbol{x}$ 映射后的特征向量,于是在特征空间中划分超平面所对应的模型可表示为

$$f(\boldsymbol{x})=\boldsymbol{w}^{\mathrm{T}}\varphi(\boldsymbol{x})+b \tag{4-21}$$

其中 $\boldsymbol{w}$ 和 $b$ 是模型参数。类似式(4-8),通过映射后的优化问题为

$$\begin{aligned}&\min_{\omega,b}\frac{1}{2}\ ||\ \boldsymbol{\omega}\ ||^{2}\\&\text{s.t}\quad \boldsymbol{y}_i(\boldsymbol{\omega}^{\mathrm{T}}\varphi(\boldsymbol{x}_i)+b)\geqslant 1,\quad i=1,2,\cdots,m\end{aligned} \tag{4-22}$$

其对应的对偶问题是

$$\begin{aligned}&\max_{\alpha}\sum_{i=1}^{m}\alpha_i-\frac{1}{2}\sum_{i=2}^{m}\sum_{j=1}^{m}\alpha_i\alpha_j\boldsymbol{y}_i\boldsymbol{y}_j\varphi(\boldsymbol{x}_i)^{\mathrm{T}}\varphi(\boldsymbol{x}_j)\\&\text{s.t.}\quad \sum_{i=1}^{m}\alpha_i\boldsymbol{y}_i=0\\&\qquad\ \alpha_i\geqslant 0,\quad i=1,2,\cdots,m\end{aligned} \tag{4-23}$$

### 4.4.2 核函数的提出

如何求解优化式(4-23),其中涉及计算 $\varphi(\boldsymbol{x}_i)^{\mathrm{T}}\varphi(\boldsymbol{x}_j)$,这是样本 $\boldsymbol{x}_i$ 与 $\boldsymbol{y}_i$ 映射到特征空间之后的内积。由于特征空间维数可能很高,甚至可能是无穷维,因此直接计算 $\varphi(\boldsymbol{x}_i)^{\mathrm{T}}\varphi(\boldsymbol{x}_j)$通常是困难的。为了避开这个障碍,定义一个函数,这个函数称为核函数:

$$k(\boldsymbol{x}_i,\boldsymbol{x}_j)=\langle\varphi(\boldsymbol{x}_i),\varphi(\boldsymbol{x}_j)\rangle=\varphi(\boldsymbol{x}_i)^{\mathrm{T}}\varphi(\boldsymbol{x}_j) \tag{4-24}$$

即 $x_i$ 与 $x_j$ 在特征空间的内积等于它们在原始样本空间中通过函数 $k(\boldsymbol{x}_i,\boldsymbol{x}_j)$计算的结果。有了这样的函数,就不必直接去计算高维甚至无穷维特征空间中的内积,于是式(4-23)可重写为

$$\begin{aligned}&\max_{\alpha}\sum_{i=1}^{m}\alpha_i-\frac{1}{2}\sum_{i=1}^{m}\sum_{j=1}^{m}\alpha_i\alpha_j\boldsymbol{y}_i\boldsymbol{y}_jk(\boldsymbol{x}_i,\boldsymbol{x}_j)\\&\text{s.t.}\quad \sum_{i=1}^{m}\alpha_i\boldsymbol{y}_i\\&\qquad\ \alpha_i\geqslant 0,\quad i=1,2,\cdots,m\end{aligned} \tag{4-25}$$

求解后即可得到

$$\begin{aligned}f(\boldsymbol{x})&=\boldsymbol{w}^{\mathrm{T}}\varphi(\boldsymbol{x})+b\\&=\sum_{i=1}^{m}\alpha_i\boldsymbol{y}_i\varphi(\boldsymbol{x}_i)^{\mathrm{T}}\varphi(\boldsymbol{x})+b\\&=\sum_{i=1}^{m}\alpha_i\boldsymbol{y}_ik(\boldsymbol{x},\boldsymbol{x}_i)+b\end{aligned} \tag{4-26}$$

式(4-26)显示出模型最优解可通过训练样本的核函数展开,这一展式也称“支持向量展

式”(support vector expansion)。

### 4.4.3 几种常见的核函数

若已知合适映射 $\varphi(\cdot)$的具体形式,则可写出核函数 $k(\cdot,\cdot)$,但在现实任务中通常不知道 $\varphi(\cdot)$是什么形式,那么,合适的核函数是否一定存在呢?什么样的函数能做核函数呢?我们有下面的定理 4-1。

**定理 4-1**(核函数) 令 $\boldsymbol{x}$ 为输入空间,$K(\boldsymbol{x}_i,\boldsymbol{x}_j)$是定义在 $\chi\times\chi$ 上的对称函数,则 $\kappa$ 是核函数当且仅当对于任意数据 $\boldsymbol{D}=\{\boldsymbol{x}_1,\boldsymbol{x}_2,\cdots,\boldsymbol{x}_m\}$,核矩阵(kernel matrix)$\boldsymbol{K}$ 总是半正定的:

$$\boldsymbol{K}=\begin{bmatrix} k(\boldsymbol{x}_1,\boldsymbol{x}_1) & \cdots & k(\boldsymbol{x}_1,\boldsymbol{x}_j) & \cdots & k(\boldsymbol{x}_1,\boldsymbol{x}_m) \\ \vdots & \ddots & \vdots & \ddots & \vdots \\ k(\boldsymbol{x}_i,\boldsymbol{x}_1) & \cdots & k(\boldsymbol{x}_i,\boldsymbol{x}_j) & \cdots & k(\boldsymbol{x}_i,\boldsymbol{x}_m) \\ \vdots & \ddots & \vdots & \ddots & \vdots \\ k(\boldsymbol{x}_m,\boldsymbol{x}_1) & \cdots & k(\boldsymbol{x}_m,\boldsymbol{x}_j) & \cdots & k(\boldsymbol{x}_m,\boldsymbol{x}_m) \end{bmatrix}$$

定理 4-1 表明,只要一个对称函数所对应的核矩阵半正定它就能作为核函数使用。事实上,对于一个半正定核矩阵,总能找到一个与之对应的映射。通过前面的讨论可知,我们希望样本在特征空间内线性可分,因此特征空间的好坏对支持向量机的性能至关重要。需要注意的是,在不知道特征映射的形式时,并不知道什么样的核函数是合适的,而核函数也仅是隐式地定义了这个特征空间。于是,“核函数选择”成为支持向量机的最大变数。若核函数选择不合适,则意味着将样本映射到了一个不合适的特征空间,很可能导致性能不佳。表 4-1 列出了几种常用的核函数。

表 4-1 几种常用的核函数

| 名 称 | 表 达 式 | 参 数 |
|---|---|---|
| 线性核 | $k(\boldsymbol{x}_i,\boldsymbol{x}_j)=\boldsymbol{x}_i^{\mathrm{T}}\boldsymbol{x}_j$ | |
| 多项式核 | $k(\boldsymbol{x}_i,\boldsymbol{x}_j)=(\boldsymbol{x}_i^{\mathrm{T}}\boldsymbol{x}_j)^d$ | $d\geqslant 1$ 为多项式的次数 |
| 高斯核 | $k(\boldsymbol{x}_i,\boldsymbol{x}_j)=\exp\left(-\frac{\Vert\boldsymbol{x}_i-\boldsymbol{x}_j\Vert^2}{2\sigma^2}\right)$ | $\sigma>0$ 为高斯核的带宽(width) |
| 拉普拉斯核 | $k(\boldsymbol{x}_i,\boldsymbol{x}_j)=\exp\left(-\frac{\Vert\boldsymbol{x}_i-\boldsymbol{x}_j\Vert}{\sigma}\right)$ | $\sigma>0$ |
| sigmoid 核 | $k(\boldsymbol{x}_i,\boldsymbol{x}_j)=\tanh(\beta\boldsymbol{x}_i^{\mathrm{T}}\boldsymbol{x}_j+\theta)$ | tanh 为双曲正切函数,$\beta>0,\theta<0$ |

此外,还可通过函数组合得到,例如:

(1) 若 $k_1$ 和 $k_2$ 为核函数,则对于任意正数 $\gamma_1$、$\gamma_2$,其线性组合也是核函数

$$\gamma_1 k_1+\gamma_2 k_2 \tag{4-27}$$

(2) 若 $k_1$ 和 $k_2$ 为核函数,则核函数的直积

$$k_1\otimes k_2(\boldsymbol{x},\boldsymbol{z})=k_1(\boldsymbol{x},\boldsymbol{z})k_2(\boldsymbol{x},\boldsymbol{z}) \tag{4-28}$$

(3) 若 $k_1$ 和 $k_2$ 为核函数,则对任意函数 $g(x)$,

$$k(\boldsymbol{x},\boldsymbol{z})=g(\boldsymbol{x})k_1(\boldsymbol{x},\boldsymbol{z})g(\boldsymbol{z}) \tag{4-29}$$

也是核函数。

# 4.5 软间隔与正则化

## 4.5.1 如何处理噪声数据

在前面的讨论中，一直假定训练样本在样本空间或特征空间是线性可分的，即存在一个超平面能将不同类的样本完全划分开。然而，在现实任务中往往很难确定合适的核函数使得训练样本在特征空间中线性可分，也很难断定这个貌似线性可分的结果不是由于过拟合所造成的。

缓解该问题的一个方法是允许支持向量机在一些样本上出错。为此，要引入"软间隔"的概念，如图 4-5 所示。

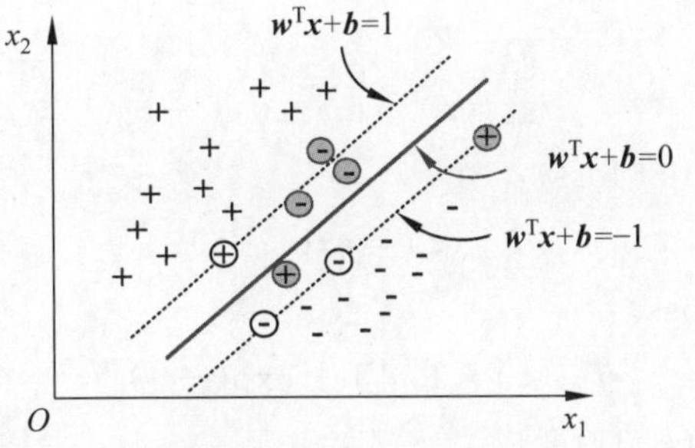


图 4-5 软间隔示意图(深色圈为一些不满足约束的样本)

具体来说，前面介绍的支持向量机形式是要求所有样本均满足约束式(4-4)，即所有样本都必须划分正确，这称为"硬间隔"，而软间隔则是允许某些样本不满足约束

$$\boldsymbol{y}_i(\boldsymbol{\omega}^{\mathrm{T}}\boldsymbol{x}_i+\boldsymbol{b})\geqslant 1 \tag{4-30}$$

当然，在最大化间隔的同时，不满足约束的样本应尽可能少。于是，优化目标可写为

$$\min_{\omega,b}\frac{1}{2}||\boldsymbol{\omega}||^2+C\sum_{i=1}^{m}l_{0/1}(\boldsymbol{y}_i(\boldsymbol{\omega}^{\mathrm{T}}\boldsymbol{x}_i+\boldsymbol{b})-1) \tag{4-31}$$

其中，$C>0$ 是一个常数；$l_{0/1}$是"0/$l$ 损失函数"

$$l_{0/1}(\boldsymbol{z})=\begin{cases}1, & z<0\\0, & \text{其他}\end{cases} \tag{4-32}$$

显然，当 $C$ 为无穷大时，式(4-31)迫使所有样本均满足约束式(4-30)，于是式(4-31)等价于式(4-8)；当 $C$ 取有限值时，式(4-31)允许一些样本不满足约束。然而，$l_{0/1}$非凸、非连续，数学性质不太好，使得式(4-31)不易直接求解。于是，人们通常用其他一些函数来代替，称为替代损失。

## 4.5.2 软间隔支持向量机

替代损失函数一般具有较好的数学性质，如它们通常是凸的连续函数且是 $l_{0/1}$ 的上界。图 4-6 给出了 3 种常用的替代损失函数。

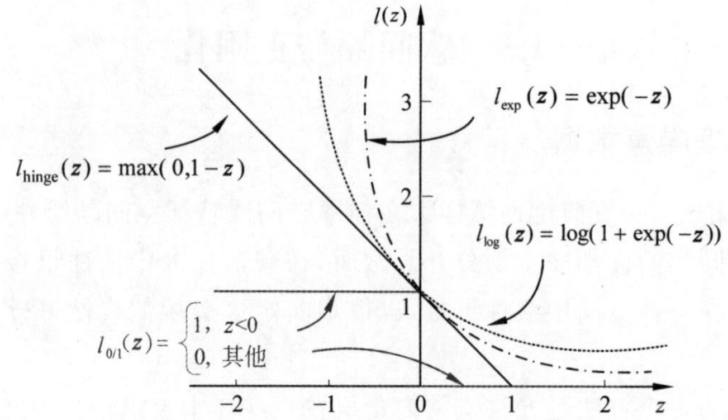


图 4-6　常见的替代损失函数：hinge 损失、指数损失、对率损失

hinge 损失：

$$l_{\text{hinge}}(z) = \max(0, 1-z) \tag{4-33}$$

指数损失(exp onential loss)：

$$l_{\exp}(z) = \exp(-z) \tag{4-34}$$

对率损失(logistic loss)：

$$l_{\log}(z) = \log[1+\exp(-z)] \tag{4-35}$$

若采用 hinge 损失，则式(4-31)变成

$$\min_{\boldsymbol{\omega},b} \frac{1}{2} || \boldsymbol{\omega} ||^2 + C\sum_{i=1}^{m} \max[0, 1-\boldsymbol{y}_i(\boldsymbol{\omega}^{\mathrm{T}} x_i + \boldsymbol{b})] \tag{4-36}$$

引入松弛变量(slack variables) $\xi_i \geqslant 0$，可将式(4-36)重写为

$$\begin{aligned} &\min_{\boldsymbol{\omega},b} \frac{1}{2} || \boldsymbol{\omega} ||^2 + C\sum_{i=1}^{m} \xi_i \\ &\text{s.t.} \quad \boldsymbol{y}_i(\boldsymbol{\omega}^{\mathrm{T}} \boldsymbol{x}_i + \boldsymbol{b}) \geqslant 1 - \xi_i \\ &\qquad\ \ \xi_i \geqslant 0, \quad i = 1, 2, \cdots, m \end{aligned} \tag{4-37}$$

这就是常用的软间隔支持向量机。

### 4.5.3　软间隔支持向量机对偶问题

显然，式(4-37)中的每个样本都有一个对应的松弛变量，用以表征该样本不满足约束式(4-30)的程度，但是，与式(4-8)相似，这仍是一个二次规划问题。于是，类似式(4-10)，通过拉格朗日乘子法可得到式(4-37)的拉格朗日函数

$$L(\boldsymbol{\omega}, \boldsymbol{b}, \boldsymbol{\alpha}, \xi, \mu) = \frac{1}{2} || \boldsymbol{\omega} ||^2 + C\sum_{i=1}^{m} \xi_i + \sum_{i=1}^{m} \boldsymbol{\alpha}_i [1 - \xi_i - y_i(\boldsymbol{\omega}^{\mathrm{T}} \boldsymbol{x}_i + \boldsymbol{b})] - \sum_{i=1}^{m} \mu_i \xi_i \tag{4-38}$$

其中，$\boldsymbol{\alpha}_i \geqslant 0, \mu_i \geqslant 0$ 是拉格朗日乘子。

令 $L(\boldsymbol{\omega}, \boldsymbol{b}, \boldsymbol{\alpha}, \xi, \mu)$ 对 $\boldsymbol{\omega}, \boldsymbol{b}, \xi_i$ 的偏导为 0 可得

$$\boldsymbol{\omega}=\sum_{i=1}^{m}\boldsymbol{\alpha}_i\boldsymbol{y}_i\boldsymbol{x}_i \tag{4-39}$$

$$0=\sum_{i=1}^{m}\boldsymbol{\alpha}_i\boldsymbol{y}_i \tag{4-40}$$

$$C=\alpha_i+\mu_i \tag{4-41}$$

将式(4-39)～式(4-41)代入式(4-38)即可得到式(4-37)的对偶问题：

$$\max_{\alpha}\sum_{i=1}^{m}\boldsymbol{\alpha}_i-\frac{1}{2}\sum_{i=1}^{m}\sum_{j=1}^{m}\boldsymbol{\alpha}_i\boldsymbol{\alpha}_j\boldsymbol{y}_i\boldsymbol{y}_j\boldsymbol{x}_i^{\mathrm{T}}\boldsymbol{x}_j \tag{4-42}$$

将式(4-42)与硬间隔下的对偶问题式(4-13)对比可看出，两者唯一的差别就在于对偶变量的约束不同：前者是 $0<\boldsymbol{\alpha}_i<C$，后者是 $0<\boldsymbol{\alpha}_i$ 于是，可采用4.2节中同样的算法求解式(4-42)；在引入核函数后能得到与式(4-26)同样的支持向量展式。

类似式(4-15)，对软间隔支持向量机，KKT 条件要求

$$\begin{cases}\alpha_i\geqslant 0\\ \mu_i\geqslant 0\\ \boldsymbol{y}_i f(\boldsymbol{x}_i)-1+\xi_i\geqslant 0\\ \alpha_i(\boldsymbol{y}_i f(\boldsymbol{x}_i)-1+\xi_i)\geqslant 0\\ \xi_i\geqslant 0\\ \mu_i\xi_i=0\end{cases} \tag{4-43}$$

于是，对任意训练样本$(\boldsymbol{x}_i,\boldsymbol{y}_i)$，总有 $\alpha_i=0$ 或 $\boldsymbol{y}_i f(\boldsymbol{x}_i)=1-\xi_i$ 若$\boldsymbol{\alpha}_i=0$，则该样本不会对 $f(\boldsymbol{x})$有任何影响；若$\boldsymbol{\alpha}_i>0$，则必有 $\boldsymbol{y}_i f(\boldsymbol{x}_i)=1-\xi_i$，即该样本是支持向量：由式(4-43)可知，若叫$\boldsymbol{\alpha}_i<C$，则 $\mu_i>0$，进而有 $\xi_i=0$，即该样本恰在最大间隔边界上；若$\boldsymbol{\alpha}_i=C$，则有 $\mu_i=0$，此时若 $\xi_i<1$ 则该样本落在最大间隔内部，若 $\xi_i>1$ 则该样本被错误分类。由此可看出，软间隔支持向量机的最终模型仅与支持向量有关，即通过采用 Hinge 损失函数仍保持了稀疏性。

### 4.5.4 正则化

可以把式(4-31)中的0/1损失函数换成别的替代损失函数以得到其他学习模型，这些模型的性质与所用的替代函数直接相关，但它们具有一个共性：优化目标中的第一项用来描述划分超平面"间隔"的大小，另一项 $\sum_{i=2}^{m}l[f(\boldsymbol{x}_i),\boldsymbol{y}_i]$ 用来表述训练集上的误差，可写为更一般的形式

$$\min_{f}\Omega(f)+C\sum_{i=1}^{m}l[f(\boldsymbol{x}_i),\boldsymbol{y}_i] \tag{4-44}$$

其中，$\Omega(f)$ 称为结构风险（structural risk），用于描述模型的某些性质；第二项 $\sum_{i=2}^{m}l[f(\boldsymbol{x}_i),\boldsymbol{y}_i]$ 称为经验风险(empirical risk)，用于描述模型与训练数据的契合程度；$C$ 用于对二者进行折中.从经验风险最小化的角度来看，$\Omega(f)$表述了希望获得具有何种性

质的模型(例如希望获得复杂度较小的模型)，这为引入领域知识和用户意图提供了途径;另一方面,该信息有助于削减假设空间,从而降低了最小化训练误差的过拟合风险。从这个角度来说,式(4-44)称为正则化(regularization)问题,$\Omega(f)$称为正则化项,$C$ 则称为正则化常数。$L_p$ 范数(norm)是常用的正则化项,其中 L2 范数$||\boldsymbol{\omega}||_2$ 倾向于$\boldsymbol{\omega}$ 的分量取值 尽量均衡,即非零分量个数尽量稠密,而 L0 范数$||\boldsymbol{\omega}||_0$ 和范数$||\boldsymbol{\omega}||_1$ 则倾向于 $\boldsymbol{w}$ 的分量尽量稀疏,即非零分量个数尽量少。

# 第5章 深度学习

## 5.1 深度神经网络概述

生物神经网络是人工神经网络的设计灵感来源,生物神经网络(biological neural networks)一般指生物的神经元、细胞、触点等组成的网络,主要帮助生物产生意识,以及行为和思索。生物神经网络作为信息处理系统具有重要的意义。1872 年,意大利的医科学生高基不慎将一块脑组织掉落在硝酸银溶液中并进行了观察和研究,成就了神经科学史上重大里程碑——“首次以肉眼看到神经细胞”。人工神经网络(artificial neural network)是一种数学模型或计算模型,主要用于模仿生物神经网络的功能和结构,用于估计函数或近似函数。众多的人工神经元相互结合起来形成神经网络并进行计算。人工神经网络是一种自适应系统,用另一种角度解释,人工神经网络具有像人类一样的学习功能,通常能在收集到外界信息的基础上,改变内部结构。人工神经网络的目标是构建有用的模型而不是理解生物神经网络的本质。

根据 Marr(1982)的理论,对于一个信息处理系统可以自上而下依次为 3 个层次。

(1) 计算理论:对计算目标和任务的抽象定义。

(2) 表示以及算法:对输入和输出的表示以及从输入到输出变换的算法。

(3) 硬件实现:系统的实际物理实现。

对于相同的计算理论,可以有多种表示以及相应的算法;对于一种表示以及算法同样也有多种硬件实现。

生物神经网络是“智能”的一种硬件实现,生物器官所能感知的环境以及对环境所产生的抽象概念则可以视为“智能”的一种表示。然而“智能”的算法和计算理论的具体细节却依然不为人知。正因如此,目前在构建人工神经网络时只能尽量与已知的硬件实现(生物神经网络)相似。如同在发现空气动力学(计算理论)之前,飞行器(硬件实现)都被建造的与鸟(硬件实现)非常相似。如果“智能”的计算理论可以被清楚地阐述,无疑会极大地推进人工神经网络甚至人工智能的发展,但是现今人工神经网络仍处于表示以及算法的层面。

深度神经网络是人工神经网络的一个分支,是至少具有一个隐藏层的神经网络。深度神经网络与浅层神经网络相似,能够为复杂的非线性系统建模。由于多出的隐藏层为模型提供了更高的抽象层次,因而提高了模型的泛化能力。也就是说,隐藏层越多的深度神经网络也具有更强的模型鲁棒性。

大量的人工神经元组成了人工神经网络。感知器便是其中的一种,其结构如图 5-1 所示。感知器具有 $n$ 个输入分别是 $\boldsymbol{a}_1,\boldsymbol{a}_2,\cdots,\boldsymbol{a}_n$,这些输入通过线性函数来计算输出,每个输入都与相关联的连接权重 $\boldsymbol{w}_1,\boldsymbol{w}_2,\cdots,\boldsymbol{w}_n$ 求乘积并求和,最后加上偏置 $\boldsymbol{b}$,在通过激活函数(activation function)$f$ 进行非线性化处理后即可得到输出结果 $t$。

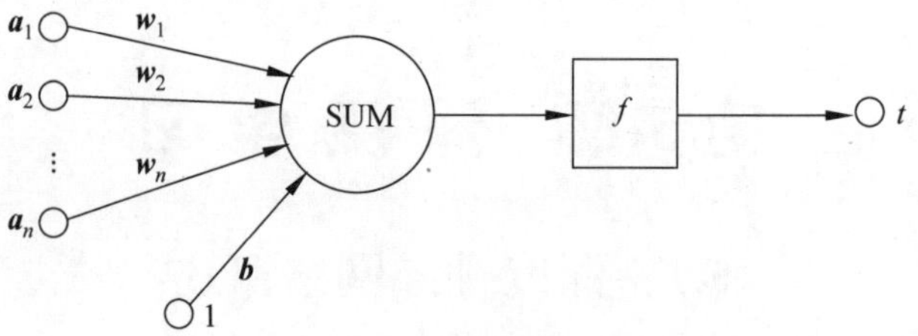


图 5-1　感知器

神经网络中的一层是有多个感知器并行组成的，将 $n$ 个层级联就可以构造出一个建议的神经网络模型，如图 5-2 所示。在构造这个模型的过程中可以发现，感知器单元中的激活函数是十分必要的，这是因为激活函数对感知器的输出进行了非线性化操作。隐藏层会因为隐藏层单元是线性的输出不会发挥作用，因为线性组合依旧是线性，这类似于将所有感知器单元并行连在一起。

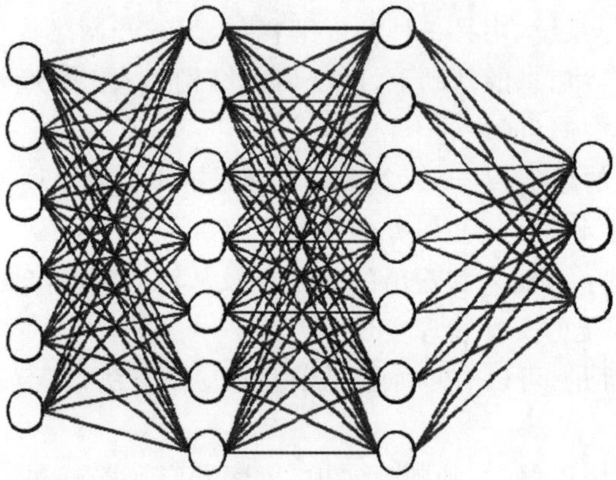

图 5-2　深度神经网络

在神经网络模型中，连接权重 $\boldsymbol{w}_1, \boldsymbol{w}_2, \cdots, \boldsymbol{w}_n$ 是重要的参数，连接权重的大小决定了网络模型的输出。通常通过反向传播（back propagation）决定连接权重的大小。反向传播是对模型全部权重计算损失函数的梯度的过程。这个梯度会反馈给最优化方法，用来更新权值以最小化损失函数（loss function）。对于上述网络模型一个简单的反向传播方法便是通过链式法则对每个感知器迭代计算梯度，并更新与其关联的权重。其中，损失函数用来计算网络模型输出值与真实值之间差距的计算方法，通过最小化损失函数网络模型将能够得到最接近真实值的输出。

在理想状态下，更多的神经元和更多的隐藏层一定会带来更加有效的网络模型，然而类似于这样级联感知器的网络模型很难设计出包含大量隐藏层的网络模型。由于激活函数对感知器的输出进行非线性化的操作以至于在级联多个感知器之后其输出出现了梯度消失的情况。这种情况会造成反向传播算法的失败，因此无法被训练网络模型。基于此类情况，深度卷积神经网络应运而生。

## 5.2 深度卷积神经网络

针对神经网络模型无法包含多个隐藏层的问题，深度卷积神经网络给出了很好的解决策略。通过卷积操作，网络模型中各层的输入输出不再是线性的，因此在卷积神经网络中采用的激活函数通常包含线性的部分，这样便解决了网络模型包含多个隐藏层后出现梯度消失的问题。深度卷积神经网络因此变得非常有效。

### 5.2.1 卷积算子

卷积算子通过两个函数 $f$ 和 $g$ 生成第三个函数，这里将不对卷积运算做详细的介绍。在卷积神经网络中，人们利用卷积从输入图像中提取特征。卷积不仅可以从输入图像提取到特征，同时能够保留像素间的空间关系。

### 5.2.2 卷积的特征

卷积神经网络中的卷积操作一般通过卷积核(kernel)来实现。这种方法简单且易于理解。图 5-3 展示一个卷积操作的过程。首先，卷积神经网络的输入通常是一个矩阵，输出亦然，卷积核则是一个更小的矩阵，其中矩阵的元素是卷积操作权重。卷积核会按照指定的步长(stride)"滑"过整个输入矩阵。卷积核每到达一个位置都会与输入矩阵对应位置的元素进行卷积操作，即用对应位置元素的乘积和取代整个卷积核区域的元素。

根据图 5-3 中的例子，输入为 $5\times5$ 的矩阵，卷积核大小为 $3\times3$ 的矩阵，卷积核的滑动步长为 1。当卷积核位于图示位置时卷积操作为

$$(-1)\times0+0\times2+1\times3+(-1)\times4+0\times2+1\times0+(-1)\times4+0\times5+1\times6=1$$

在输出层，可用卷积结果 1 取代输入矩阵与卷积核对应位置的 $3\times3$ 部分。由于卷积核的步长为 1，在当前位置完成卷积操作后，卷积核会先后向水平和垂直方向"滑动"，每次滑动一行或一列的距离，直至对整个矩阵完成卷积操作便可得到输出矩阵。

通过上述例子可以发现，经过卷积之后的输出矩阵其形状大小会缩减。当经过多次卷积之后输入矩阵可能很快将不能被继续卷积，网络模型依然会面临无法包含多个隐藏层的情况。为了保证卷积前后的矩阵具有同样的大小，引入填充(Padding)操作。填充是于卷积操作之前在原始输入矩阵外围补充一些值，经过填充后原始输入矩阵形状增大，因此经过卷积后的输出矩阵便可与原始输入矩阵大小保持一致。填充操作如图 5-4 所示采用的是 0 填充方法，常用的填充方法还有 1 填充。

卷积后的输出矩阵大小与输入矩阵大小、卷积核大小以及卷积核步长有关，可以根据如下公式计算：

$$\boldsymbol{W}'=(\boldsymbol{W}-K+2P)/s+1$$

其中，$\boldsymbol{W}'$ 表示输出矩阵的大小；$\boldsymbol{W}$ 表示输入矩阵的大小；$K$ 表示卷积核的大小；$P$ 表示填充的大小；$s$ 表示卷积核步长。

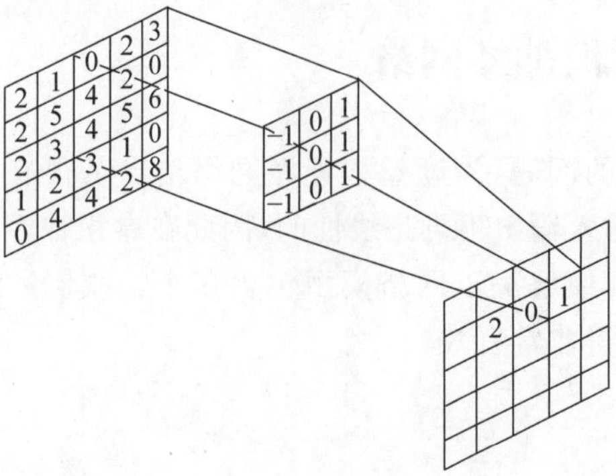

图 5-3　卷积

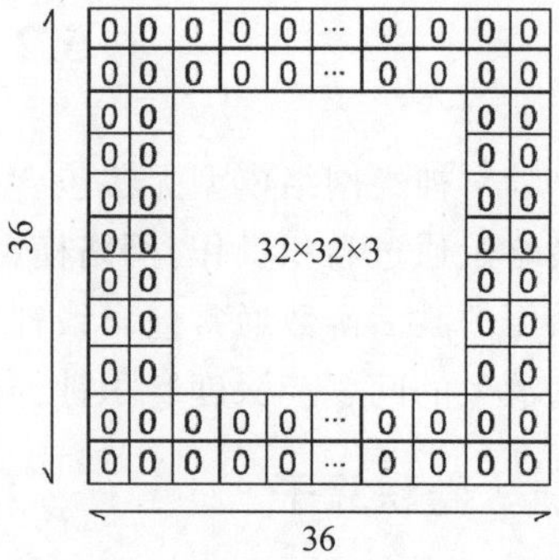


图 5-4　填充

## 5.3　深度卷积神经网络的典型结构

深度卷积神经网络通常包含输入层、卷积层、激活层、池化层和全连接层，原始数据经过这些操作的层层堆叠，将高层语义信息逐层由原始数据输入层中抽取出来，并逐层抽象，这一过程称前馈运算(feed-forward)。最终，卷积神经网络的最后一层(全连接层)将其目标任务(分类、回归等)形式化为目标函数(objective function)。通过计算预测值与真实值之间的误差或损失，凭借反向传播算法将误差或损失由最后一层逐层向前反馈，更新每层参数，并在更新参数后再次前馈，如此往复，直到网络模型收敛，从而达到模型训练的目的。

### 5.3.1　基本网络结构

如图 5-5 所示，原始数据依次通过卷积层、激活层、卷积层、激活层、池化层三次之后通过全连接层完成分类任务。卷积神经网络是一种层次模型，通过循环反复地通过这些层次网络模型可以提取到原始数据从低维到高维的特征为最后的分类任务做出充分地准备。

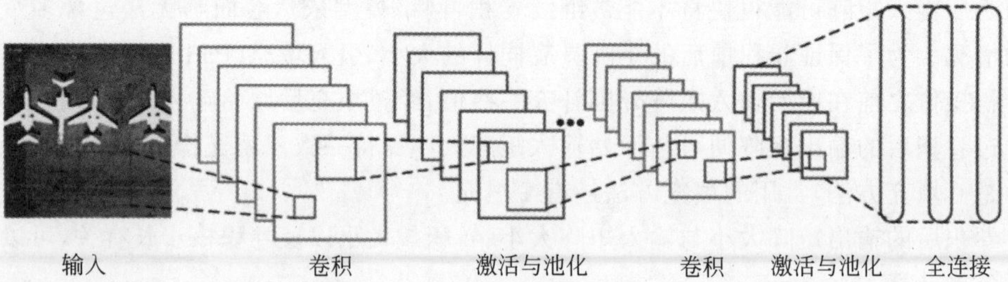


图 5-5　深度卷积神经网络的结构

### 5.3.2　网络结构模式

深度卷积神经网络在发展过程中，出现过许多优秀的网络结构，它们都包含上述的多种层。这些网络结构通过搭建不同的层次结构达到了非常优异的性能。

(1) LeNet。如图 5-6 所示，广为流传的 LeNet 诞生于 1998 年，网络结构比较完整，包括现代卷积神经网络的基本组件：卷积层、池化层、全连接层。其被认为是卷积神经网络的开端。

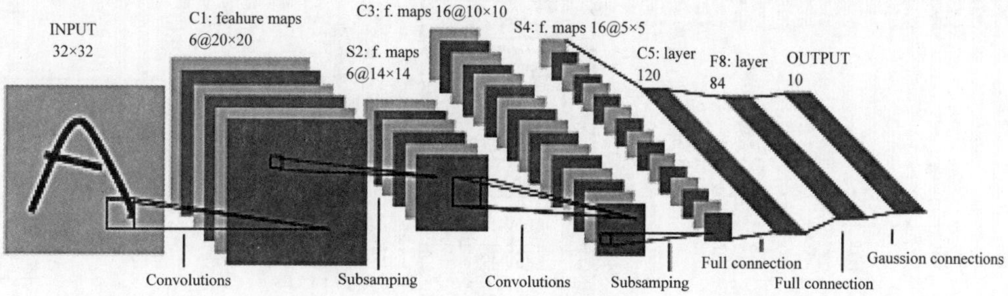


图 5-6 LeNet

AlexNet 如图 5-7 所示，2012 年 Geoffrey 和他学生 Alex 在 ImageNet 的竞赛中，刷新了 ImageNet 分类的记录，奠定了深度学习在计算机视觉中的地位。此后，竞赛中 Alex 所用的结构就被称为 AlexNet。相比 LeNet，AlexNet 加入了非线性激活函数 ReLU 和防止过拟合的方法。

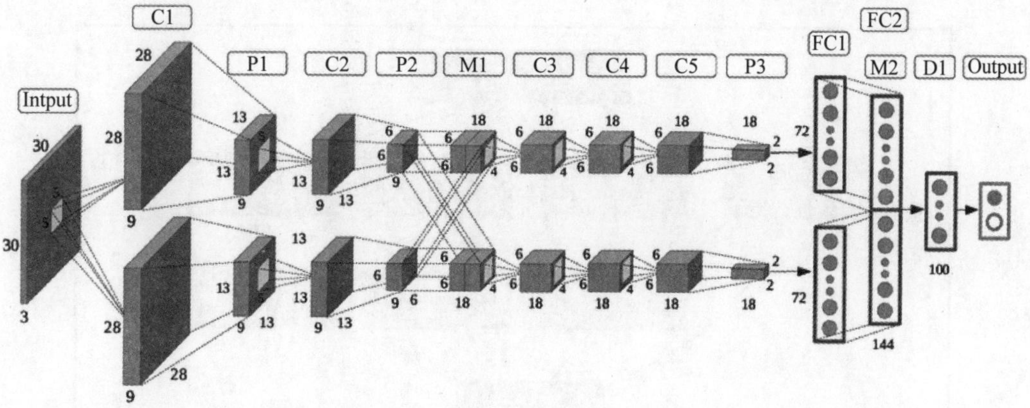


图 5-7 AlexNet

同时，使用多个 GPU，LRN 归一化层。其主要的优势是网络扩大(使用 5 个卷积层+3 个全连接层+1 个 softmax 层)，解决了过拟合问题，可进行多 GPU 加速计算。

(2) VGG-Net。如图 5-8 所示，Andrew Zisserman 提出的 VGG-Net 使用了更多的层(通常有 16～19 层)而 AlexNet 只有 8 层。同时，VGG-Net 的所有卷积层使用同样大小为 3×3 的卷积核。

(3) GoogLeNet。GoogLeNet 提出的 Inception 结构是主要的创新点，这是一种嵌套(网络中包含网络)的结构，如图 5-9 所示，即原来的结点也是一个网络，使得之后整个网络结构的宽度和深度都得到扩大，性能为原来的 2～3 倍。

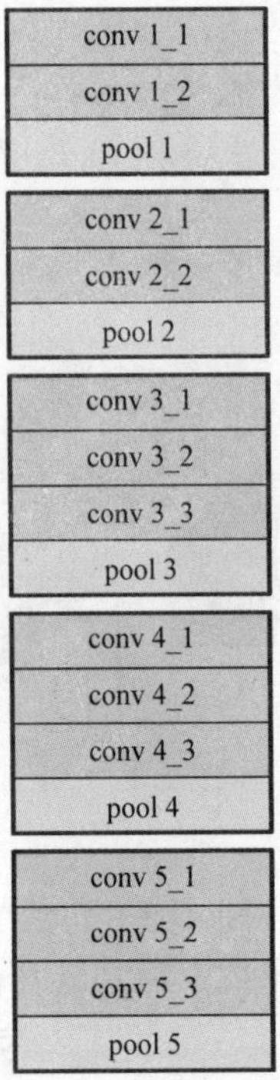


图 5-8　VGG-Net

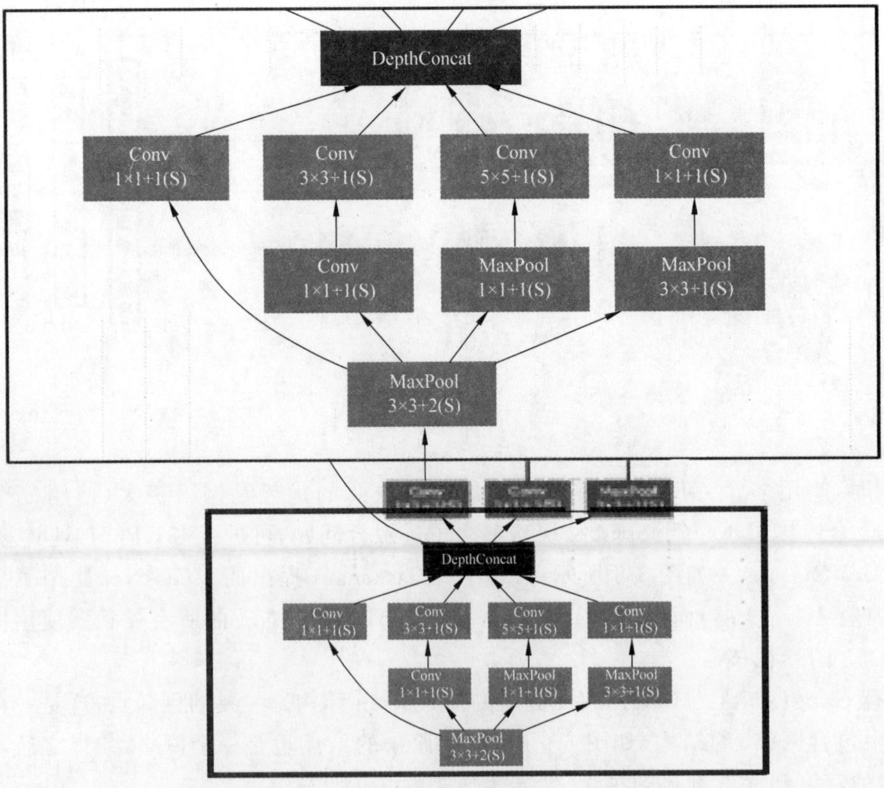


图 5-9　GoogLeNet 网络的嵌套结构

(4) ResNet。ResNet 提出了一种减轻网络训练负担的残差学习框架,这种网络使用相比以前层次更深的网络结构。ResNet 提出了残差块结构,学习残差函数,而不是学习未知的函数。图 5-10 和图 5-11 为 34 层的深度残差网络的结构和对应的层。

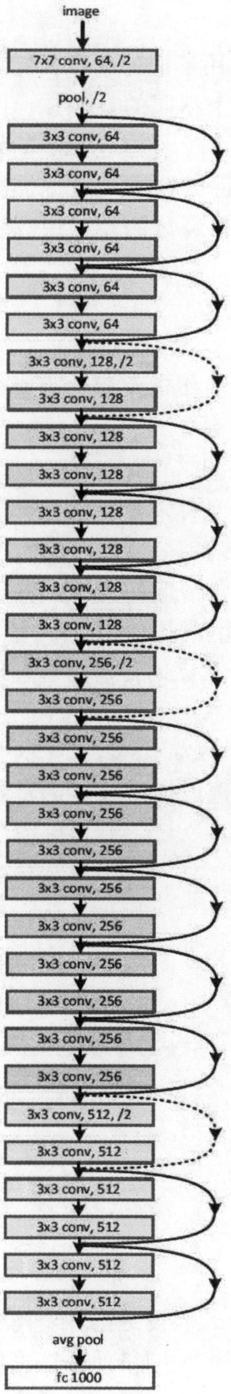


图 5-10 ResNet 网络结构

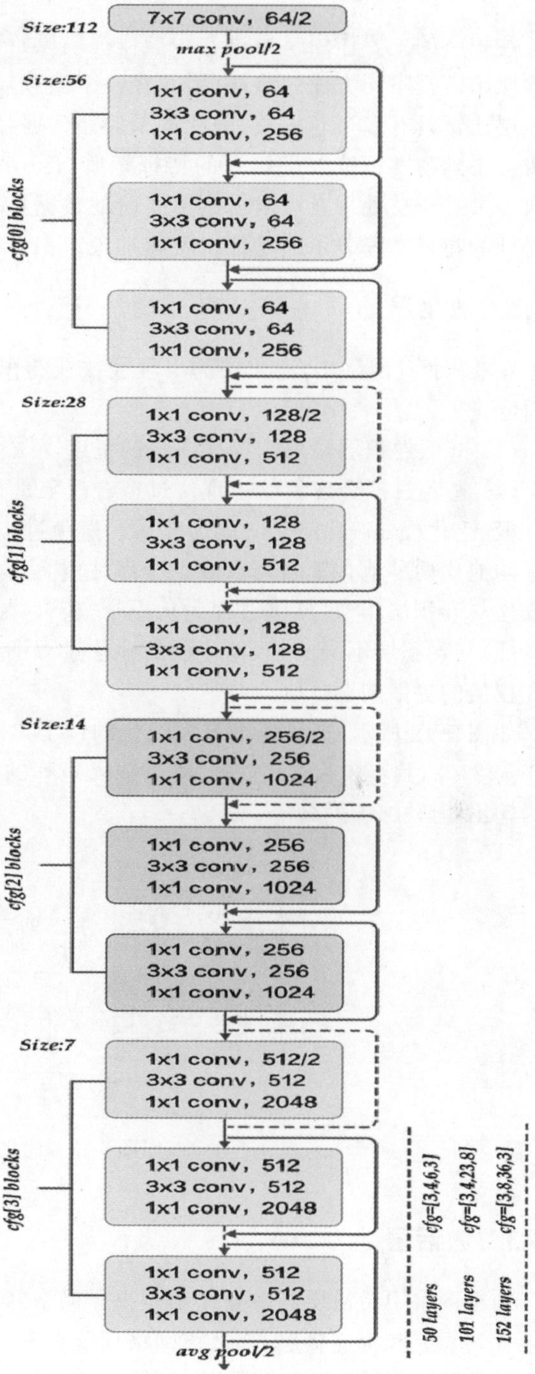


图 5-11 ResNet 5.4 深度卷积神经网络的层

## 5.4 深度卷积神经网络的层

### 5.4.1 卷积层

卷积层的主要作用是通过卷积操作提取原始数据的特征。选用不同的卷积核能够提取到原始数据不同方面的特征，因此在一个卷积层中往往包含多个不同的卷积核。由于卷积层通常具有多个卷积核，因此如果原始数据是一个二维矩阵，那么经过卷积层的处理后将会得到与卷积核数量相等的特征矩阵(feature map)。接着将提取出来的特征矩阵再次经过卷积层处理就可以得到更高阶的数据特征，因此原始数据经过的卷积层数越多所得到的特征矩阵表示的特征也就越抽象。

### 5.4.2 池化层

在卷积神经网络中，池化层的出现往往在卷积层之后，池化层的作用主要体现在两个方面：

(1) 降低卷积层输出的特征向量的维度。

(2) 避免过拟合现象的出现。过拟合现象是指网络训练的模型对未知样本的预测表现一般，泛化(generalization)能力较差。避免过拟合的方法有很多种，其中通过最大池化或平均池化两种池化策略可以减少噪声，这样可以有效减少过拟合情况的发生。池化层的操作与卷积层相似，具体过程为从一个“核”区域中通过计算最值或均值得到一个值作为特征，与卷积层不同的是，池化层的池化过程不存在参数。所以在反向传播的过程也不存在权值的更新问题。

如图 5-12 所示，这是一个最大池化的例子。图中输入矩阵大小为 $4\times4$，池化的“核”大小为 $2\times2$，其步长为 2，当“核”滑过输入矩阵的对应区域时，只选取该区域中的最大值作为输出矩阵中的值。

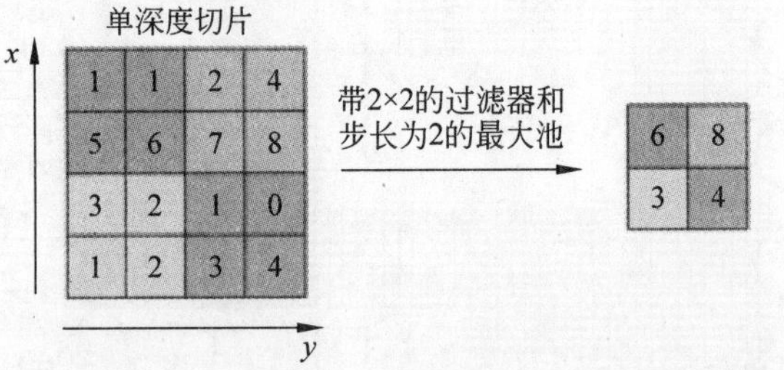


图 5-12 池化层

### 5.4.3 激活层

神经网络中激活层的主要作用是提供网络的非线性建模能力。假设一个神经网络中仅包含卷积层和全连接层，那么该网络仅能够表达线性映射，即便增加网络的深度也依旧还是线性映射，难以有效建模实际环境中非线性分布的数据。加入(非线性)激活层之后，深度神经网络才具备了分层的非线性映射学习能力，因此激活层是深度神经网络中不可或缺的部分。在卷积神经网络中常用的激活函数是 ReLU 函数。

从图 5-13 中可得，当 $x<0$ 时，出现硬饱和，当 $x>0$ 时，不存在饱和问题，因此 ReLU 能够在 $x>0$ 时保持梯度不衰减，从而缓解梯度消失问题。随着训练的推进，部分输入会落入硬饱和区，会导致对应权重无法更新，这种现象被称为神经元死亡。

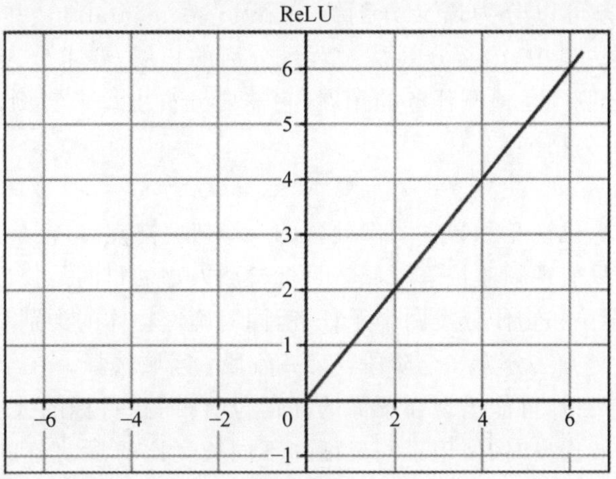


图 5-13　ReLU 函数

## 5.5　深度卷积神经网络在图像识别中的应用

激活函数还有很多，例如 sigmoid 函数、tanh 函数、Leaky-ReLU 与 P-ReLU 函数、ELU 函数等。

机器视觉的中心问题是，如何从图像中解析出可供计算机理解的信息，如何理解一张图片。依据图像识别后续任务的需要，对图像进行识别主要有以下三个层次的操作。

**1. 分类**

分类(classification)是指将图像结构化为某一类别的信息，用事先规定好的实例 ID 或类别来描述图片。作为图像理解中最简单、最基础的任务，分类是深度学习模型最先取得突破和实现大规模应用的任务。其中，分类任务中最权威的评测集是 ImageNet 数据集。ILSVRC 作为机器视觉领域最受追捧、最权威的学术竞赛之一，代表了图像领域的最高水平。每年，ILSVRC 会催生大量优秀的深度网络模型，促进了深度学习的发展，同时也为其他任务提供了研究基础。分类任务被广泛应用于现实场景中，例如人脸、场景的识别等都可以归为分类任务。

**2. 检测**

分类任务注重的是整张图片的内容。而检测(detection)任务与分类任务关注点不同，它关注的是图片中特定的物体目标，例如图片中建筑物、人物、街道等物体，这一任务要求同时获得某一特定物体目标的信息，包括类别信息和位置信息。检测任务首先会分离出输入图片的前景和背景，最终目标是从图片背景中分离出感兴趣的目标区并确定这一目标的描述(包括特定目标的类别和位置)，因此检测任务最终输出数据的格式是列表，对于列表的每一项，都使用一个数据组来标记出特定目标的类别和位置（通常使用矩形检测框的坐标来表示）。

**3. 分割**

在深度学习层面，分割(segmentation)任务都是像素级任务，它赋予每个像素类别(实例)意义，适用于无人驾驶中对道路和非道路的分割等理解要求较高的场景。依据分割的目的，分割任务可以分为语义分割(semantic segmentation)和实例分割(instance segmentation)两类。其中，语义分割是对背景分离的拓展，要求分离开具有不同语义的图像部分；而实例分割则是检测任务的拓展，它需要分辨出每个实例，描述出特定目标的轮廓(相比检测框更为精准)。

**4. 目标检测**

目标检测是计算机视觉和数学图像处理的一个研究热点，广泛应用于机器人导航、工业检测、航空航天、只能视频监控等领域。目标检测人物的目的是找出图像中所有感兴趣的物体，包括物体定位和物体分类两个子任务，同时确定物体的类别和位置。

传统的目标检测方法分为3个阶段：第一阶段：区域选择。在给定的图像上选择一些候选的区域，由于目标可能出现在图像的任何位置，而且目标的大小、长宽比例也不确定。所以在进行区域选择时，使用不同尺度和不同长宽比的滑动窗口的策略遍历整张图像；第二阶段：特征提取。特征提取是提取候选区域相关的视觉特征。例如人脸检测常用的 Harr 特征；行人检测和普通目标检测常用的 HOG 特征等，这一结果的好坏直接影响到分类的准确率；第三阶段：分类。依据第二步提取到的特征，使用训练的分类器进行分类，常用的分类器主要有 SVM、AdaBoost 等。

**5. 人脸识别**

人脸识别技术是生物特征识别领域的一个重要研究课题，它蕴含着深厚的研究背景，应用前景广泛。人脸识别是基于人的脸部特征信息进行身份识别的一种生物识别技术，属于生物特征识别领域的课题，主要通过从摄像机或摄像头采集到的包含人脸的静态图像或者动态视频流中检测和跟踪人脸，随后将其与数据库中的人脸图像进行比对，找到与之匹配的人脸的过程。

人体骨骼关键点检测又称人体姿态估计，是计算机视觉的基础性算法之一，主要应用于人体行为预测、自动驾驶等场景。该技术主要通过检测关节，五官等人体骨骼关键点来描述人体骨骼信息。人体骨骼关键点检测主要有自上而下和自下而上两个方向。其中，自下而上的人体骨骼关键点定位算法主要包含两个步骤：人体检测和单人人体关键点检测，即首先通过目标检测算法检测出每一个人，然后在检测框的基础上针对单个人做人体骨骼关键点检测，代表性算法有 G-RMI、CFN、RMPE、Mask R-CNN 和 CPN 算法；自下而上的方法也包含两个步骤：关键点检测和关键点聚类，即首先检测出图片中所有的关键点，然后通过相关策略将所有的关键点聚类成不同的个体，其中对关键点之间关系进行建模的代表性算法有 RAF、Associative Embedding、Part Segmentation、Mid-Range offsets 算法。

# 第6章 强化学习

## 6.1 强化学习概述

从技术层面上讲，机器学习(machine learning)无疑是人工智能研究的核心领域之一，其研究动机就是让机器具有人的学习能力以便实现人工智能。为了实现人工智能，智能控制是不可或缺的，例如，智能机器人在执行任务时需要根据环境变化做出相应的决策。基于智能化的体现，该决策绝不是由专家规划完成，而是机器人通过与环境的不断交互获得经验知识自发产生的。能够实现这种智能决策控制的学习方法便是强化学习(reinforcement learning,RL)，它是机器学习领域中的重要学习方法之一。

强化学习除了在智能机器人领域得到了广泛应用以外，还被广泛应用于智能调度系统、智能对话系统、存储系统、智能电网、智能交通系统、多智能体系统、无人驾驶车、航空航天系统、游戏及数字艺术智能系统等其他智能系统。可见，强化学习是最有希望实现人工智能这个目标的学习方法之一。

强化学习作为解决现实世界问题的重要学习方法，始终是研究者们备受关注的研究热点。最近，谷歌公司的 DeepMind 团队在《自然》杂志上公布了能够击败人类专业玩家的游戏智能体，这一研究成果令人工智能专家震撼，使得强化学习再次成为当今研究焦点。

强化学习研究的是智能体(agent)如何根据当时的环境做出较好的决策，它不需要任何先验知识，也无需专家给定准确参考标准，而是通过与环境的交互来获得知识，自主的进行动作选择，最终找到一个适合当前状态的最优动作选择策略(policy)，使得在整个决策过程中得到最大的累积奖赏，如图 6-1 所示。例如，训练一个游戏智能体时，为了完成游戏任务，智能体必须对游戏画面有所认识，根据游戏经验选择合理的动作，动作选择操作结束后游戏画面进入下一帧，智能体获得过关或得分等奖赏。如此循环，直到游戏结束。这里的游戏经验指的是策略，即什么场景下选择什么动作。由此可见，为了实现强化学习的目标，要求智能体能够对周围环境有所认知，理解当前所在状态，根据任务要求做出符合当前环境情境的决策。

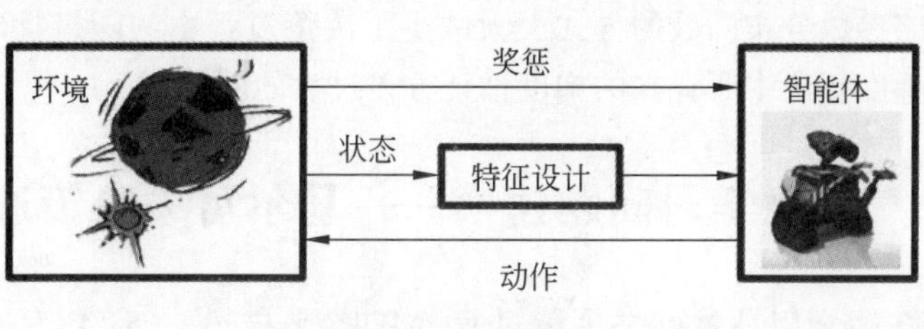


图 6-1 强化学习

强化学习是解决机器学习领域中序列决策过程的学习范式，成为人工智能热点研究方向之一。目前，解决强化学习问题的方法主要包括基于值函数的策略学习方法与策略搜索(Policy search)两大主要算法。

(1) 基于值函数的策略学习方法。基于值函数的策略学习方法是早在20世纪80年代末就被提出且得到广泛使用的传统强化学习算法,其中最具代表性的算法包括Watkins提出的Q-Learning、Sutton提出的TD算法及Rummery等提出的SARSA算法。南京大学的高阳及MIT的Kaelbling等人对策略迭代算法进行了系统的分析与总结,此类算法首先要计算每个状态-动作对的值函数(value function),然后根据计算的值函数贪婪地选择值函数最大的动作。基于值函数的策略学习方法能够有效地解决离散的状态动作空间问题。面对连续状态空间问题,启发式的方法是网格离散化状态空间,北京理工大学的蒋国飞等人理论性地研究了Q-Learning在网格离散化中的收敛性问题,指出随着空间离散化后的网格密度增加,使用Q-Learning算法求解到的最优解依概率1收敛。然而,当状态空间过大时,网格化无法遍历整个状态空间,即遭遇了"维度灾难"问题。蒋国飞等人将Q-Learning与神经网络相结合,在未离散化连续状态空间的情况下成功完成了倒立摆的平衡控制。随后,Lagoudakis等人提出了通过值函数估计来解决连续状态问题,极大地提高了策略迭代算法在处理连续状态空间问题中的性能。南京大学的陈兴国通过引入核函数形式提高值函数的泛化能力,为复杂值函数表达提供技术支撑。基于值函数的策略学习方法可以有效解决连续状态空间问题,但是由于值函数的极度非凸性,难以在每一个时间步骤上都使用最大化价值函数来进行动作选择。由此可见,此类方法不适用于解决现实世界中具有连续动作空间的决策问题。并且Sutton等人指出,此类方法的策略是通过值函数而间接得到的,即使极小的值函数误差也可能导致不恰当的决策。

(2) 策略搜索方法。策略搜索算法是斯坦福大学的Andrew Ng等人提出的一种较新的强化学习算法,该类方法直接对策略进行学习,能够突破基于值函数的策略学习方法中所存在的局限性,适用于解决具有连续动作空间的复杂决策任务。目前为止,最具代表性的策略搜索算法包括PEGASUS、策略梯度、自然策略梯度、EM及NAC等。其中,策略梯度算法(policy gradients)是最实用、最易于实现且被广泛应用的一种策略搜索方法,此类算法非常适用于具有连续状态及动作空间的智能系统。此外,由于策略梯度方法中策略的更新是逐渐变化的,能够确保系统的稳定性,尤其适用于机器人等复杂的智能系统决策控制问题。然而,Williams等人提出的传统策略梯度算法,REINFORCE梯度估计方差过大,使得算法不稳定且收敛慢。为了解决梯度估计方差过大的实质性问题,Sehnke等人提出了基于参数探索的梯度估计算法(parameter-exploring policy gradients,PGPE),该算法通过探索策略参数分布函数的方式大大减少了决策过程中的随机扰动,从而根本性地解决了传统策略梯度算法中所存在的梯度估计方差过大的问题。

## 6.2 强化学习问题建模——马尔可夫决策过程

强化学习任务通常用马尔可夫决策过程(MDP)来描述: $(\boldsymbol{S}, \boldsymbol{A}, P_T, P_I, r, \gamma)$,其中 $\boldsymbol{S}$ 为状态空间;$\boldsymbol{A}$ 为动作空间,状态 $\boldsymbol{S}$ 和动作 $\boldsymbol{A}$ 均可以为离散空间,也可以是连续空间,取决于具体问题;$P_T(s_{t+1}|s_t, a_t)$为在当前状态 $s_t$ 下执行动作 $a_t$ 后,转移到下一状态 $s_{t+1}$ 的状态转移概率密度;$P_I(s)$为初始状态 $s_1$ 的概率;$r(s_t, a_t, t+1)$为在当前状态

$s_t$ 下执行动作 $a_t$ 后转移到下一状态 $s_{t+1}$ 的瞬时奖赏；$0<\gamma<1$ 为未来奖赏折扣因子。

MDP 的动态过程如下：首先，某智能体（agent）从初始状态概率分布 $p(s_1)$ 中随机选择状态 $s_1$ 后根据当前策略 $\pi$ 选择动作 $a_1$，然后智能体根据状态转换函数 $p(s_2|s_1,a_1)$ 从状态 $s_1$ 随机转换到 $s_2$，获得此次状态转移的瞬时奖赏 $r(s_1,a_1,s_2)$。此过程重复 $T$ 次，得到一条路径 $h^n:=[s_1^n,a_1^n,\cdots,s_T^n,a_T^n]$，此处的 $T$ 为时间步长。

强化学习的核心是动作选择策略，即状态到动作的映射。简单地说，策略是从感知到的状态到采取的动作的映射，它既可以是确定性的也可以是随机的。确定性策略是给定状态 $s_t$，可以得到确定的动作 $\boldsymbol{a}$：$a_t=\pi(s_t)$；随机性策略是将状态空间映射到动作空间的分布，即 $a_t\sim\pi(a_t|s_t)$，表示在状态 $s_t$ 下执行动作 $a_t$ 的条件概率密度。另外，随机性策略含有动作的探索，所谓探索是指智能体尝试其他动作以便找到更好的策略。

强化学习的目标是找到最优策略，从而最大化期望累积回报。当得到一条路径后，便可计算该路径的累积回报

$$R(h):=\sum_{t=1}^{T}\gamma^{t-1}r(s_t,a_t,s_{t+1})$$

其中，$\gamma$ 是折扣因子，通常 $0\leqslant\gamma<1$，折扣因子 $\gamma$ 决定了回报的时间尺度。令往后的状态所反馈回来的瞬时奖赏乘上这个折扣系数，这样意味着当下的奖励比未来反馈的奖赏更重要。注意，一条路径不是确定的，它的累积回报是一个随机变量，不是一个确定值，因此无法衡量与描述它的好坏，但是其期望是一个确定值。因此用累积回报的期望来衡量一个策略，累积回报期望表示为

$$J_\pi:=\int p(h)R(h)\mathrm{d}h$$

其中，$p(h)=p(s_1)\prod_{t=1}^{T}p(s_{t+1}\mid s_t,a_t)\pi(a_t\mid s_t)$ 为发生路径的概率密度函数。强化学习的目标是找到最优策略 $\pi^*$，该策略可以最大化期望奖赏 $J_\pi$：

$$\pi^*:=\arg\max_{\pi}J_\pi$$

## 6.3 强化学习算法简介

目前，解决强化学习问题的方法主要包括基于值函数的策略学习方法与策略搜索（policy search）两大主要算法。下面，一一学习两类算法中的经典方法。

### 6.3.1 基于值函数的策略学习方法

本节介绍基于值函数的策略学习方法。基于值函数的策略学习方法是强化学习算法的一个主要类别，它学习值函数，最终的策略根据值函数贪婪得到，即在任意状态下，当前的最优策略为值函数最大时所对应的动作。本节将首先介绍状态值函数 $V_\pi(\boldsymbol{s})$ 和状态-动作值函数 $Q_\pi(\boldsymbol{s},\boldsymbol{a})$ 的定义，随后介绍一种传统的学习值函数的方法：Q-Learning，然后介绍策略迭代算法的框架，最后讲述基于值函数估计的最小二乘策略迭代算法（LSPI）。

**1. 值函数**

值函数可以分为两类：状态值函数 $V_\pi(\boldsymbol{s})$、状态-动作值函数 $Q_\pi(\boldsymbol{s},\boldsymbol{a})$。状态值函数

$V_\pi(\boldsymbol{s})$可以用来衡量采用策略 $\pi$ 时，状态 $\boldsymbol{s}$ 的价值。即状态值函数 $V_\pi(\boldsymbol{s})$是从状态 $\boldsymbol{s}$ 出发，按照策略 $\pi$ 采取行为得到的期望累积回报，用公式表示为

$$V_\pi(\boldsymbol{s}) := E_{\pi,P_T}\left[\sum_{t=1}^{\infty}\gamma^{t-1}r(s_t,a_t,s_{t+1}) \mid s_1=\boldsymbol{s}\right]$$

其中，$E_{\pi,P_T}$ 表示在初始状态为 $s_1=\boldsymbol{s}$，策略为 $\pi(a_t|s_t)$和状态转移概率密度函数为 $P_T(s_{t+1}|s_t,a_t)$下的期望值。

另一类是状态-动作值函数 $Q_\pi(\boldsymbol{s},\boldsymbol{a})$，该值函数可以用来衡量在策略 $\pi$ 下，智能体在给定状态下采取动作 $\boldsymbol{a}$ 后的价值。即状态-动作值函数是从状态 $\boldsymbol{s}$ 出发，采取行为 $\boldsymbol{a}$ 后，根据策略 $\pi$ 执行动作所得到的期望累积回报：

$$Q_\pi(\boldsymbol{s},\boldsymbol{a}) := E_{\pi,P_T}\left[\sum_{t=1}^{\infty}\gamma^{t-1}r(s_t,a_t,s_{t+1}) \mid s_1=\boldsymbol{s},a_1=\boldsymbol{a}\right]$$

其中，$E_{\pi,P_T}$ 是在初始状态为 $s_1=\boldsymbol{s}$，采取动作 $a_1$ 后，按照策略 $\pi(a_t|s_t)$和转移模型 $P_T(s_{t+1}|s_t,a_t)$下所得到的条件期望累积回报。可以看到状态-动作值函数与状态值函数唯一的不同是动作值函数不仅指定了一个初始状态，而且也指定了初始动作，而状态值函数的初始动作是根据策略产生的。价值函数用来衡量某一状态或者状态-动作对的优劣，对于智能体来说，就是是否值得选择这一状态或者状态-动作对。因此，最优策略自然对应着最优值函数。

在实际实现算法时，不会按照上述定义进行计算，而是通过贝尔曼方程(Bellman equation)进行迭代。下面，将介绍状态值函数和状态-动作值函数的贝尔曼方程求解方法。对于任意策略 $\pi$ 和任意状态 $s$，可以得到如下递归关系：

$$V_\pi(\boldsymbol{s}) = E_{\pi,P_T}[r(\boldsymbol{s},\boldsymbol{a},\boldsymbol{s}') + \gamma V_\pi(\boldsymbol{s}')]$$

其中，$\boldsymbol{s}'$为 $\boldsymbol{s}$ 的下一状态。这就是贝尔曼方程的基本形态，它表明在策略 $\pi$ 下，当前状态的值函数可以通过下一个状态的值函数来迭代求解。同样地，状态-动作值函数的贝尔曼方程可写成相似的形式：

$$Q_\pi(\boldsymbol{s},\boldsymbol{a}) = E_{\pi,P_T}[r(\boldsymbol{s},\boldsymbol{a},\boldsymbol{s}') + \gamma Q_\pi(\boldsymbol{s}',\boldsymbol{a}')]$$

其中，$(\boldsymbol{s}',\boldsymbol{a}')$为下一个状态-动作对。

计算值函数的目的是为了找到更好的策略，最优状态值函数表示所有策略中值最大的值函数，即

$$V_\pi^*(\boldsymbol{s}) = \max_\pi V_\pi(\boldsymbol{s})$$

同样地，最优状态-动作值函数可定义为在所有策略中最大的状态-动作值函数，即 $Q_\pi^*(\boldsymbol{s},\boldsymbol{a}) = \max\limits_{\pi'} Q_\pi(\boldsymbol{s},\boldsymbol{a})$。

状态值函数更新过程为，对每一个当前状态 $\boldsymbol{s}$，执行其可能的动作 $\boldsymbol{a}$，记录采取动作所到达的下一状态，并计算期望价值 $V(\boldsymbol{s})$，将其中最大的期望价值函数所对应的动作作为当前转态下的最优动作。最优状态值函数 $V_\pi^*(\boldsymbol{s})$刻画了在所有策略中值最大的值函数，即在状态 $\boldsymbol{s}$ 下，在每一步都选择最优动作所对应的值函数。

状态值函数考虑的是每个状态仅有一个动作可选(智能体认为该动作为最优动作)，而状态-动作值函数是考虑每个状态下都有多个动作可以选择，选择的动作不同转换的

下一状态也不同,在当前状态下取最优动作时会使状态值函数与状态-动作值函数相等。最优状态值函数 $V_{\pi}^{*}(s)$ 的贝尔曼方程表明：最优策略下状态 $s$ 的价值必须与当前状态下最优动作的状态-动作值相等,即

$$\begin{aligned} V^{*}(\boldsymbol{s}) &= \max_{a} Q^{*}(\boldsymbol{s},\boldsymbol{a}) \\ &= \max_{a} E_{\pi,P_T}\left[\sum_{t=1}^{\infty}\gamma^{t-1}r(\boldsymbol{s}_t,\boldsymbol{a}_t,\boldsymbol{s}_{t+1}) \mid s_1=\boldsymbol{s},a_1=\boldsymbol{a}\right] \\ &= \max_{a} E_{\pi,P_T}\left[r(\boldsymbol{s},\boldsymbol{a},\boldsymbol{s}')+\gamma V^{*}(s') \mid s_1=\boldsymbol{s},a_1=\boldsymbol{a}\right] \end{aligned}$$

状态-动作值函数$Q^{*}(\boldsymbol{s},\boldsymbol{a})$的最优方程为

$$Q^{*}(\boldsymbol{s},\boldsymbol{a})=E_{\pi,P_T}\left[r(\boldsymbol{s},\boldsymbol{a},\boldsymbol{s}')+\gamma \max_{a'} Q^{*}(\boldsymbol{s}',\boldsymbol{a}')\right]$$

从最优值函数的角度寻找最优策略,可以通过最大化最优状态-动作值函数 $Q^{*}(s,a)$ 来获得

$$\pi^{*}(\boldsymbol{a} \mid \boldsymbol{s})=\begin{cases}1, & \boldsymbol{a}=\arg\max_{a\in A}Q^{*}(\boldsymbol{s},\boldsymbol{a}) \\ 0, & \text{其他}\end{cases}$$

**2. Q-Learning**

本节从值迭代的角度,讲述一种学习值函数以及求解最优策略的最传统的方法——Q-Learning。所谓值迭代方法是指首先学习值函数到收敛,然后利用最优值函数确定最优的贪婪策略。

根据状态-动作值函数的贝尔曼方程可以发现当前值函数的计算用到了后续状态的值函数,即用后续状态的值函数估计当前值函数,这就是 bootstrapping 方法。然而,当没有环境的状态转移函数模型时,后续状态无法全部得到,只能通过实验和采样的方法每次试验一个后续状态 $s'$。而计算一个值函数,需要等到每次试验结束,所以学习速度慢,效率低下。因此,考虑在试验未结束时就估计当前值函数。时间差分法(temporal difference,TD)是根据贝尔曼方程求解值函数最核心的方法。这里介绍更新值函数的最传统的方法：Q-Learning。根据状态-动作值函数的贝尔曼方程,Q-Learning 利用 TD 偏差更新当前的值函数：

$$Q(s_t,a_t)=Q(s_t,a_t)+\alpha[r(s_t,a_t,s_{t+l})+r\max_a Q(s_{t+l},a)-Q(s_t,a_t)]$$

其中,$\delta_t=r(s_t,a_t,s_{t+l})+r\max_a Q(s_{t+l},a)-Q(s_t,a_t)$表示 TD 偏差。将 Q-Learning 算法总结如图 6-2 所示。值得注意的是,这里 Q-Learning 采用的是异策略方法,即行动策略与目标策略所采用的策略不一致,其中行动策略采用 ε 贪婪策略,而目标策略为贪婪策略。

**3. 策略迭代**

严格来说,策略迭代是用来解决动态规划问题的方法。而强化学习又称为拟动态规划。动态规划为求解复杂问题提供了思路,它将原本复杂、规模较大的问题划分成若干个小问题。动态规划与强化学习的区别就是动态规划假设 MDP 模型是全知的,而强化学习中 MDP 可能是未知的。

策略迭代是运用值函数来获取最优策略的方法,也就是在策略未知的情况下,根据每次的奖励学到最优策略的方法。策略迭代算法分两个步骤：策略评估和策略改进。对一个具体的 MDP 问题,每次先初始化一个策略 $\pi_1$,针对每次迭代所执行的过程,计算当前

1. 对所有的状态-动作对，任意初始化$Q(s,a)$
2. 迭代（对所有序列样本）：
  给定初始状态$s$，根据行动策略将采取动作$a$
  迭代（对每个序列中的每一步）
    1> 根据行动策略再当前状态$s_t$下采取动作$a_t$，得到立即奖赏$r_t$，转移到下一个状态$s_{t+1}$
    2> 更新值函数$Q(s_t,a_t)=Q(s_t,a_t)+\alpha\left[r(s_t,a_t,s_{t+1})+\gamma\max_a Q(s_{t+1},a)-Q(s_t,a_t)\right]$
    3> $s_t\leftarrow s_{t+1}$
  直到$s_t$是序列的终止状态
  直到所有的$Q(s,a)$收敛
3. 根据贪婪规则，确定最优策略

图 6-2 Q-Learning 算法伪代码

策略 $\pi_l$ 下的贝尔曼方程，从而得到状态-动作值函数 $Q_{\pi_l}(\boldsymbol{s},\boldsymbol{a})$，该过程称为策略评估。根据该值函数使用贪心策略来更新策略 $\pi_{l+1}$：

$$\pi_{l+1}(\boldsymbol{a} \mid \boldsymbol{s})=\arg\max_a Q_{\pi_l}(\boldsymbol{s},\boldsymbol{a}),$$

上述过程称为贪心策略改进。将上述过程不断迭代直至收敛，最终可得到最优策略：

$$\| \pi_{l+1}(\boldsymbol{a} \mid \boldsymbol{s})-\pi_l(\boldsymbol{a} \mid \boldsymbol{s}) \| \leqslant k, \quad \forall \boldsymbol{s} \in \boldsymbol{S}, \forall a \in \boldsymbol{A}$$

其中，$k>0$ 且一般取一个非常小的正数；$\|\cdot\|$ 为 L2 范数。

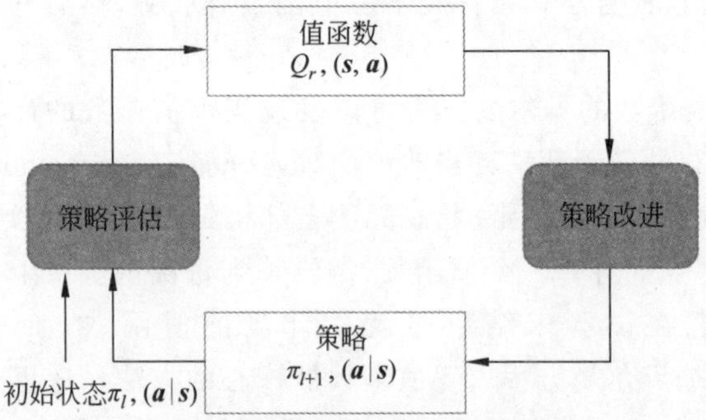


图 6-3 策略迭代算法框架

图 6-3 所示为强化学习中的 Actor-Critic 算法。策略改进为 Actor 部分，决定智能体的行为，而策略评估作为 Critic，用来评判智能体行为的优劣。贪心策略改进能确保策略的性能是提高的，这就是策略改进定理：$Q_{\pi_l}(\boldsymbol{s},\boldsymbol{a})\leqslant Q_{\pi_{l+1}}(\boldsymbol{s},\boldsymbol{a})$。

该定理表明，策略 $\pi_{l+1}$ 的性能一定比策略 $\pi_l$ 性能更好或等同。当且仅当 $Q_{\pi_{l+1}}(\boldsymbol{s},\boldsymbol{a})$ 为最优状态-动作值函数，且 $\pi_{l+1}(\boldsymbol{a}|\boldsymbol{s})$ 与 $\pi_l(\boldsymbol{a}|\boldsymbol{s})$ 均为最优策略时等号成立。故在执行策略改进时除非当前策略已经是最优策略，否则要求将要更新的策略必须比原策略更好。在策略迭代中，可以通过求解 $Q_{\pi_l}(\boldsymbol{s},\boldsymbol{a})$ 的优化问题来进行策略改进，而关键部分是策略评估，即值函数的估计。

前面已从值迭代的角度介绍了一种求解离散状态-动作问题的值函数方法，然而使用上述的表格型方法来计算每个状态-动作对的值函数的方法代价是很大的，特别是当状态-动作空间是连续的且很大时，会产生维数灾难，难以求解。为解决此问题，提出了值函数逼近方法。接下来将介绍基于最小二乘法的策略迭代方法。

**4. 基于最小二乘法的策略迭代算法**

上述基于动态规划的强化学习方法要求状态空间和动作空间不能太大且该空间为离散的。而当状态空间为连续的，或维度较大时，无法直接利用上述方法解决问题，这时就需要考虑值函数逼近(value function approximation)方法。值函数逼近方法更新的是值函数中的参数，因而，任意状态或状态-动作对的值都会被更新；对于之前介绍的方法而言，值函数更新后改变的只有当前状态或状态-动作对的值函数。

最小二乘策略迭代(Least squares policy iteration，LSPI)是一种参数化策略迭代算法，其利用线性模型估计学习状态-动作值函数来提高策略性能，令 $Q_\pi(\boldsymbol{s},a|\boldsymbol{\omega})$ 是 $Q_\pi(\boldsymbol{s},\boldsymbol{a})$ 的参数化逼近，可表示为

$$Q_\pi(\boldsymbol{s},\boldsymbol{a} \mid \boldsymbol{\omega})=\boldsymbol{\omega}^{\mathrm{T}}\phi(\boldsymbol{s},\boldsymbol{a})$$

其中，$\phi(\boldsymbol{s},\boldsymbol{a})$ 为 $k$ 维基函数 $\phi(s,a)=[\phi_1(\boldsymbol{s},\boldsymbol{a}),\phi_2(\boldsymbol{s},\boldsymbol{a}),\cdots,\phi_k(\boldsymbol{s},\boldsymbol{a})]^{\mathrm{T}}$，$\boldsymbol{\omega}$ 是待估计的参数。当值函数的模型确定时，适当调整参数 $\boldsymbol{\omega}$，使得值函数的估计值与真实值逼近。参数的更新是不断迭代，直到收敛而完成的。

在监督学习中，函数逼近通常是使用样本的目标值作为训练集来估计函数，但是强化学习中目标函数值不是直接可得的，必须由已收集到的路径样本计算后才能得到。此处样本是在策略 $\pi$ 下转移模型为 $P_t$ 时得到的，可表示为 $(\boldsymbol{s},\boldsymbol{a},\boldsymbol{r},\boldsymbol{s}')$。假设在第 $l$ 次迭代中，收集 $N$ 个样本的样本集表示为 $D=\{(\boldsymbol{s}_i,\boldsymbol{a}_i,\boldsymbol{r}_i,\boldsymbol{s}_i')\}_{i=1}^N$。

现在，令 $\boldsymbol{Q}_{\boldsymbol{\pi}_l}$ 为第 $l$ 次迭代时，在策略 $\pi_l$ 下得到的 $N$ 个样本的值函数，将其向量化表示为 $\boldsymbol{Q}_{\boldsymbol{\pi}_l}=[(Q_{\pi_l}(s_1,a_1),Q_{\pi_l}(s_2,a_2),\cdots,Q_{\pi_l}(s_N,a_N)]^{\mathrm{T}}$。令 $\boldsymbol{Q}_{\boldsymbol{\pi}_l}$ 是第 $l$ 次迭代时，当前参数为 $\boldsymbol{\omega}_l$，基函数为 $\Phi$ 的样本的值函数的估计值：$\boldsymbol{Q}_{\boldsymbol{\pi}l}=[Q_{\pi_l}(s_1,a_1),Q_{\pi_l}(s_2,a_2),\cdots,Q_{\pi_l}(s_N,a_N)]^{\mathrm{T}}$。$Q_{\pi l}$ 可表示为 $\boldsymbol{Q}_{\boldsymbol{\pi}l}=\boldsymbol{\Phi}\boldsymbol{\omega}_l$，其中 $\boldsymbol{\omega}_l$ 是长度为 $k$ 的列向量，基函数 $\boldsymbol{\Phi}$ 是 $N\times k$ 的矩阵：

$$\boldsymbol{\Phi}=\begin{pmatrix}\phi(s_1,a_1)^{\mathrm{T}}\\ \phi(s_2,a_2)^{\mathrm{T}}\\ \vdots \\ \phi(s_N,a_N)^{\mathrm{T}}\end{pmatrix}$$

$\boldsymbol{\Phi}$ 矩阵中每行代表某一样本 $(\boldsymbol{s},\boldsymbol{a})$ 基函数的值，每列表示的是所有样本对某一基函数的值。

状态-动作值函数的 Bellman 方程：$Q_\pi(\boldsymbol{s},\boldsymbol{a})=R(\boldsymbol{s},\boldsymbol{a})+\gamma E_{\pi,P_T}[Q_\pi(\boldsymbol{s}',\boldsymbol{a}')]$，其中 $R(\boldsymbol{s},\boldsymbol{a})=E_{p(s'|s,a)}[r(\boldsymbol{s},\boldsymbol{a},\boldsymbol{s}')]$。将 Bellman 方程转化为基于 $N$ 个样本的矩阵形式，方程变为

$$\boldsymbol{Q}_{\boldsymbol{\pi}_l}=\boldsymbol{R}+\gamma E_{\pi_l,P_T}[\boldsymbol{Q}'_{\boldsymbol{\pi}l}]$$

其中，$\boldsymbol{Q}_{\boldsymbol{\pi}_l}$ 和 $\boldsymbol{R}$ 是 $\boldsymbol{N}$ 维向量。现在，$\boldsymbol{Q}_{\boldsymbol{\pi}_l}$ 代替 $\boldsymbol{Q}_{\boldsymbol{\pi}l}$，使得估计值函数逼近贝尔曼方程，可得

$$\boldsymbol{\Phi}\boldsymbol{\omega}_l=\boldsymbol{R}+\gamma E_{\pi,P_T}[\boldsymbol{\Phi}'\boldsymbol{\omega}_l]$$

函数估计的目标是最小化贝尔曼残差的 L2 范数，即

$$\boldsymbol{w}_l^*=\mathrm{argmin}_{w_l^*}\ \|\boldsymbol{\Phi}\boldsymbol{w}_l-\gamma E_{\pi,P_T}(\boldsymbol{\Phi}',\boldsymbol{w}_l)-\boldsymbol{R}\|_2$$

由于基函数的列是线性无关的，通过对上式求解，可得唯一的最优解为

$$\boldsymbol{\omega}_l=\{(\boldsymbol{\Phi}-\gamma E_{\pi_l,P_T}[\boldsymbol{\Phi}'])^{\mathrm{T}}(\boldsymbol{\Phi}-\gamma E_{\pi_l,P_T}[\boldsymbol{\Phi}'])^{-1}(\boldsymbol{\Phi}-\gamma E_{\pi_l,P_T}(\boldsymbol{\Phi}')\}^{\mathrm{T}}\boldsymbol{R}$$

这就是目标函数的贝尔曼残差最小化逼近。得到值函数的估计后，便可根据估计的值函数进行策略的更新，这就是所谓的基于最小二乘算法的策略迭代方法，具体流程如图 6-4 所示。在任何给定状态 $\boldsymbol{s}$ 下，通过使值函数的估计值在动作空间 $\boldsymbol{A}$ 上最大化，可以得到该估计值函数上的贪婪策略 $\pi$。

$$\pi_{l+1}(\boldsymbol{s}) = \operatorname{argmin}_a Q_{\pi_l}(\boldsymbol{s},\boldsymbol{a}) = \operatorname{argmax}_a \boldsymbol{w}_l^{\mathrm{T}} \phi(\boldsymbol{s},\boldsymbol{a})$$

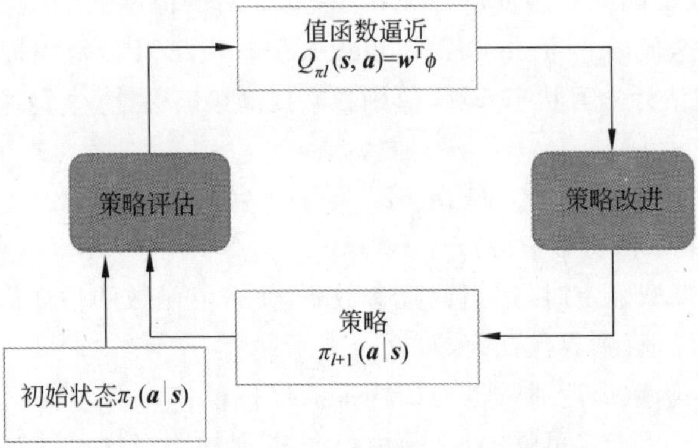


图 6-4　最小二乘策略迭代算法框架

截至目前，所使用到的策略更新方法都是确定性的贪心策略，但是在实际情况中，由于在大的状态动作空间中需要探索新的状态动作对以获得更好的策略，故随机策略相对于确定性策略更有优势，因此在随机概率改进中考虑了所得到的策略的随机性。在这里，引入一个改进的随机策略技术：

$$\pi_{l+1}(\boldsymbol{a} \mid \boldsymbol{s}) = \frac{Q_{\pi_l}(\boldsymbol{s},\boldsymbol{a})/\tau}{\int \exp(Q_{\pi_l}(\boldsymbol{s},\boldsymbol{a})/\tau)\mathrm{d}\boldsymbol{a}}$$

其中，$\tau$ 是一个确定新策略 $\pi_{l+1}(\boldsymbol{a}|\boldsymbol{s})$ 随机性的正参数。该策略称为吉布斯策略更新技术(Gibbs policy update)。

由于策略是通过策略迭代中的值函数间接学习得到的，然而，提高值函数逼近的质量不一定能产生更好的策略。值函数的微小变化可能会导致策略的极大变化，因此使用基于值函数的方法来控制昂贵的动态系统(例如类人机器人)是不安全的。此外，基于值函数的策略学习方法难以处理连续动作空间问题，因为需要找到值函数的最大值来进行动作的选择。解决上述问题的一种方案是策略搜索算法，将在 6.3.2 节中进行讲述。

### 6.3.2　策略搜索算法

策略搜索是将策略参数化，利用参数化的线性函数或者非线性函数表示策略，寻找最优的策略参数，使得强化学习的目标，即累积回报的期望最大。在值函数的方法中，迭代计算的是值函数，再根据值函数改善该策略；而在本节要讲解的策略搜索方法中，直接对策略进行迭代计算，也就是迭代更新策略的参数值，当累积回报的期望达到最大时，策略模型参数所对应的策略就是想要的最优策略。

在正式学习策略搜索方法前，先认识一下值函数方法和直接策略搜索方法的优缺点：

(1) 策略搜索算法是对策略进行参数化表示,与值函数方法中对值函数进行参数化表示相比,策略参数化更简单,更容易收敛。

(2) 利用值函数方法求解最优策略时,策略改善需要求解 argma $x_a\boldsymbol{Q}(\boldsymbol{s},\boldsymbol{a})$,当动作空间极大或为连续动作空间时,无法进行求解。

(3) 策略搜索算法通常采用随机策略,因此可以将探索更好地融入策略的学习过程中。

与值函数方法相比较,策略搜索方法同时也存在一些不足,例如:

(1) 策略搜索方法容易陷入局部最小值。

(2) 策略评价的样本不充足时,会导致方差较大,最终影响收敛。

最近几年,研究者们针对这些缺点研究了各种解决方案。接下来先对策略搜索进行建模,再学习一些比较经典的策略搜索方法,如策略梯度方法,自然策略梯度方法,基于参数探索的策略梯度方法以及基于 EM 的策略搜索方法。

**1. 策略搜索方法建模**

策略搜索方法使用的是参数化策略,即 $\pi(\boldsymbol{a}|\boldsymbol{s},\boldsymbol{\theta})$:其中$\boldsymbol{\theta}$ 是策略参数。策略搜索方法的目的就是找到可以使得期望回报值 $J(\boldsymbol{\theta})$最大化的最优参数,即最优策略参数$\boldsymbol{\theta}^*$:

$$\boldsymbol{\theta}^* := \arg\max_{\boldsymbol{\theta}} J(\boldsymbol{\theta})$$

其中,期望累积回报可表示为策略参数 $\theta$ 的函数:

$$J(\boldsymbol{\theta}) := \int p(h \mid \boldsymbol{\theta})R(h)\mathrm{d}h$$

这里路径 $h$ 发生的概率密度取决于策略,根据马尔可夫随机性质,可将其表示为

$$p(h \mid \theta) = p(s_1)\prod_{t=1}^{T} p(s_{t+1} \mid s_t, a_t)\pi(a_t \mid s_t, \boldsymbol{\theta})$$

下面,介绍寻找最优策略参数的经典方法,比如传统的策略梯度方法,自然策略梯度方法,基于参数探索的策略梯度方法以及期望最大化(Expectation Maximization, EM)策略搜索方法。

**2. 策略梯度方法**

寻找最优策略参数的最简单、也是最常用的方式是梯度下降法,在强化学习领域将其称为策略梯度方法(REINFORCE),它是直接通过梯度上升学习策略参数$\boldsymbol{\theta}$ 的:$\boldsymbol{\theta} \leftarrow \boldsymbol{\theta} + \varepsilon\nabla_{\boldsymbol{\theta}} J(\boldsymbol{\theta})$,其中 $\varepsilon$ 为学习率,它是一个非常小的正数。因此,问题的关键是如何计算策略梯度$\nabla_{\boldsymbol{\theta}} J(\boldsymbol{\theta})$。

对期望累积回报求导,得

$$\begin{aligned}
\nabla_{\boldsymbol{\theta}} J(\boldsymbol{\theta}) &= \int \nabla_{\boldsymbol{\theta}} p(h \mid \boldsymbol{\theta})R(h)\mathrm{d}h \\
&= \int p(h \mid \boldsymbol{\theta}) \nabla_{\boldsymbol{\theta}} \log p(h \mid \boldsymbol{\theta})R(h)\mathrm{d}h \\
&= \int p(h \mid \boldsymbol{\theta}) \sum_{t=1}^{T} \nabla_{\boldsymbol{\theta}} \log \pi(a_t \mid s_t, \boldsymbol{\theta})R(h)\mathrm{d}h
\end{aligned}$$

这里使用了 log()函数求导:$\nabla_{\boldsymbol{\theta}} p(h|\theta) = p(h|\boldsymbol{\theta})\nabla_{\boldsymbol{\theta}} \log p(h|\boldsymbol{\theta})$。然而,路径的概率密度函数 $p(h|\theta)$未知,因此,策略梯度$\nabla_{\theta} J(\boldsymbol{\theta})$不能直接计算得到。可以利用经验平均估算:

利用当前策略采样得到 $n$ 条路径,然后用这 $n$ 条路径的经验平均估计策略梯度,即

$$\nabla_{\boldsymbol{\theta}} \hat{J}(\boldsymbol{\theta})=\frac{1}{N} \sum_{n=1}^{N} \sum_{t=1}^{T} \nabla_{\theta} \log \pi(a_t^n \mid s_t^n, \boldsymbol{\theta}) R(h^n)$$

其中,$h^n := [s_1^n, a_1^n, \cdots, s_t^n, a_t^n]$为采样的 $n$ 条路径样本。由此可以看出,梯度策略的计算最终转换为动作策略的梯度值。

为了更好地进行探索,通常选择随机策略。可以将其表示为确定性策略加随机部分。高斯策略是最常用的一种策略模型,假设此处的策略参数为$\boldsymbol{\theta}=(\boldsymbol{\mu}, \sigma)$,其中$\boldsymbol{\mu}$ 为均值向量,$\boldsymbol{\sigma}$ 为标准差,高斯随机策略可表示为

$$\pi(\boldsymbol{a} \mid \boldsymbol{s}; \boldsymbol{\theta})=\frac{1}{\sigma \sqrt{2\pi}} \exp\left\{-\frac{[\boldsymbol{a}-\boldsymbol{\mu}^{\mathrm{T}} \phi(\boldsymbol{s})]^2}{2\sigma^2}\right\}$$

其中 $\phi(s)$为基函数向量。在高斯随机策略模型下,可以很容易求得动作策略梯度的解析解:

$$\nabla_{\boldsymbol{\mu}} \log \pi(\boldsymbol{a} \mid \boldsymbol{s}, \boldsymbol{\theta})=\frac{\boldsymbol{a}-\boldsymbol{\mu}^{\mathrm{T}} \phi(s)}{\sigma^2} \phi(\boldsymbol{s})$$

$$\nabla_{\sigma} \log \pi(\boldsymbol{a} \mid \boldsymbol{s}, \boldsymbol{\theta})=\frac{[\boldsymbol{a}-\boldsymbol{\mu}^{\mathrm{T}} \phi(\boldsymbol{s})]^2-\sigma^2}{\sigma^3}$$

到此为止,可以通过梯度下降法,计算策略梯度,改进策略参数,直到收敛为止,但是该方法的问题是估计策略梯度的样本数不足时,上述策略梯度的方差较大,容易导致收敛速度较慢的问题。

**3. 自然策略梯度(natural policy gradient)**

REINFORCE 使用欧几里得距离来更新参数的方向,这意味着所有参数的维度对所得到的策略均具有较大影响。在更新策略时,使用策略梯度方法的一个主要原因是可以通过小幅度调整参数来稳定地改变策略,然而对策略参数的小幅度调整可能会造成策略的大幅度改变。为了能够使策略更新过程相对稳定,就需要分布 $\pi(a_t|s_t, \boldsymbol{\theta})$保持相对稳定,在每次更新后分布不会产生较大变化。这就是自然策略梯度方法的核心思想。

每次迭代后对参数$\boldsymbol{\theta}$ 进行更新,策略 $\pi(a_t|s_t, \boldsymbol{\theta})$自然也随之改变。策略分布在更新前后存在一定差异。在自然梯度法中使用 Kullback Leibler(KL)散度来测量当前策略下的路径分布与更新的策略下路径分布之间的距离。KL 散度是两个随机分布距离的度量,记为 $D_{\mathrm{KL}}(p||q)$。它衡量两个分布 $p$ 和 $q$ 的相似程度。Fisher 信息矩阵可以用来近似当前策略下的路径分布 $p(h|\boldsymbol{\theta})$和更新$\boldsymbol{\theta}$ 至 $\boldsymbol{\theta}+\Delta\boldsymbol{\theta}$ 后策略下的路径分布 $p(h|\boldsymbol{\theta}+\Delta\boldsymbol{\theta})$之间的距离($\Delta\boldsymbol{\theta}$ 非常小),将 Fisher 信息矩阵用 $\boldsymbol{F}_{\boldsymbol{\theta}}$ 来表示

$$\mathrm{KL}[p(h \mid \boldsymbol{\theta}) \,||\, p(h \mid \boldsymbol{\theta}+\Delta\boldsymbol{\theta})] \approx \Delta\boldsymbol{\theta}^{\mathrm{T}} \boldsymbol{F}_{\boldsymbol{\theta}} \Delta\boldsymbol{\theta}$$

$$\boldsymbol{F}_{\boldsymbol{\theta}}=\int p(h \mid \boldsymbol{\theta}) \nabla_{\boldsymbol{\theta}} \log p(h \mid \boldsymbol{\theta}) \nabla_{\boldsymbol{\theta}} \log p(h \mid \boldsymbol{\theta})^{\mathrm{T}} \mathrm{d}h$$

与传统策略梯度更新$\nabla_{\boldsymbol{\theta}} J(\boldsymbol{\theta})$类似,自然梯度也更新策略参数,使得策略更新前与更新后的路径分布之间的 KL 散度不大于 ε:

$$\mathrm{KL}[p(h \mid \boldsymbol{\theta}) \,||\, p(h \mid \boldsymbol{\theta}+\Delta\boldsymbol{\theta})] \leqslant \varepsilon$$

其中 ε 很小,趋于 0。也就是说自然梯度策略方法可以保证策略参数得到最大程度的改变时,策略更新前后的路径分布只发生微小的变化,从而保证策略更新过程相对稳定。我

们可以将自然梯度下降表示为如下优化问题：

$$\Delta \boldsymbol{\theta}^{NG}=\arg\max_{\Delta\theta} \Delta\boldsymbol{\theta}^{\mathrm{T}}\nabla_{\theta}J(\theta)$$

$$\text{s.t.} \quad \Delta\boldsymbol{\theta}^{\mathrm{T}}\boldsymbol{F}_{\boldsymbol{\theta}}\Delta\boldsymbol{\theta}\leqslant\varepsilon$$

以上目标函数的解析解为 $\Delta\boldsymbol{\theta}^{NG}=\boldsymbol{F}_{\boldsymbol{\theta}}^{-1}\nabla_{\boldsymbol{\theta}}J(\theta)$，其中 $\boldsymbol{F}_{\boldsymbol{\theta}}^{-1}$ 表示 Fisher 信息矩阵的逆，$\nabla_{\boldsymbol{\theta}}J(\boldsymbol{\theta})$ 为传统的策略梯度。同样地，可以利用经验平均来估计 Fisher 信息矩阵，其经验值可表示为

$$\boldsymbol{F}_{\boldsymbol{\theta}}=\frac{1}{N}\sum_{n=1}^{N}\nabla_{\boldsymbol{\theta}}\log p(h^{n}\mid\boldsymbol{\theta})\nabla\boldsymbol{\theta}\log p(h^{n}\mid\boldsymbol{\theta})^{\mathrm{T}}$$

其中，$h^{n}:=[s_{1}^{n},a_{1}^{n},\cdots,s_{T}^{n},a_{T}^{n}]$为采集的 $N$ 条路径样本。

由于 Fisher 信息矩阵总是正定矩阵，自然梯度围绕传统梯度的旋转角度始终小于 90°，因此自然策略梯度方法的收敛同传统策略梯度方法一样具有保证。

与传统的梯度法相比，自然策略梯度法能够很好地避免过早进入停滞期，以及在目标函数变化极大的情况下出现参数更新步长过大的现象，因此在实际应用中自然策略梯度法的学习过程往往比其他方法收敛得更快。

自然策略梯度方法与传统梯度方法的参数更新过程如图 6-5 所示。通过观察可见，传统梯度法的方法参数变化很大，使之过早停止探索，最终导致只能找到局部最优。而自然策略梯度方法能够缓慢地更新参数，最终快速找到最优解。此外，在目标函数曲线变化平缓区域，传统梯度法难以沿着正确的方向更新参数，而自然策略梯度方法不存在这样的问题。

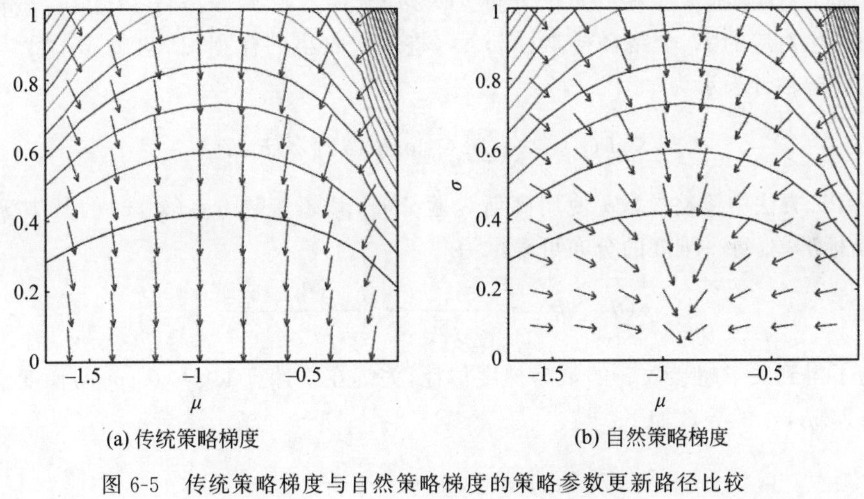


图 6-5　传统策略梯度与自然策略梯度的策略参数更新路径比较

自然策略梯度方法与传统梯度方法相比，确实能更稳定更快速地更新策略参数，然而由于(费希尔 Fisher)信息矩阵的逆难解，使得自然策略梯度方法难以在实际应用中得以应用。

**4. 基于参数探索的策略梯度方法**

传统策略梯度算法中策略梯度估计方差大的原因之一是策略的随机性，随机策略使得在每个时间步上都要随机采取一个动作去计算策略梯度，进而经验估计方差很大。为减轻策略随机性对策略梯度估计的影响，Sehnk 等人提出了基于参数探索的策略梯度方

法(PGPE),PGPE 方法采用线性确定性策略

$$\pi(\boldsymbol{a} \mid \boldsymbol{s}, \boldsymbol{\theta}) = \delta[\boldsymbol{a} = \boldsymbol{\theta}^{\mathrm{T}} \phi(s)]$$

其中,$\delta(\cdot)$为狄拉克函数;$\phi(s)$是基函数向量;T 为矩阵转置;$\boldsymbol{\theta}$ 为策略参数。PGPE 方法的随机性来自于策略参数,在超参数 $\rho$ 下,通过策略参数的先验分布 $p(\boldsymbol{\theta} \mid \rho)$引入随机性,这里 $\rho$ 为超参数,用于控制策略参数的分布。由此可见,在 PGPE 方法中,在不考虑环境中状态转移带来的随机扰动下,每条路径样本 $h$ 的产生仅由一个采样的策略参数 $\boldsymbol{\theta}$ 所决定。相对于传统策略梯度方法,PGPE 方法大大减少了随机扰动,从而通过该方法估计的策略梯度方差也会减少。

在 PGPE 算法下,目标函数,即关于超参数 $\rho$ 的期望累积回报可表示为

$$J(\rho) = \iint p(h \mid \boldsymbol{\theta}) p(\boldsymbol{\theta} \mid \rho) R(h) \mathrm{d}h \, \mathrm{d}\boldsymbol{\theta}$$

与传统策略梯度方法一样,通过梯度下降方法进行超参数的更新:$\rho' = \rho + \boldsymbol{\alpha} \nabla J(\rho)$,其中$\boldsymbol{\alpha}$ 为学习率,是一个很小的正数。现在,对 $\rho$ 求导,可得

$$\begin{aligned} \nabla_\rho J(\rho) &= \iint p(h \mid \boldsymbol{\theta}) \, \nabla_\rho p(\boldsymbol{\theta} \mid \rho) R(h) \mathrm{d}h \, \mathrm{d}\boldsymbol{\theta} \\ &= \iint p(h \mid \boldsymbol{\theta}) p(\boldsymbol{\theta} \mid \rho) \, \nabla_\rho \log p(\boldsymbol{\theta} \mid \rho) R(h) \mathrm{d}h \, \mathrm{d}\boldsymbol{\theta} \end{aligned}$$

由于以上积分无法计算,首先收集样本,然后利用经验平均值去估计策略梯度。样本收集的过程如下:首先根据策略参数的分布 $p(\boldsymbol{\theta} \mid h)$采样 $N$ 个策略参数 $\{\theta_n\}_{n=1}^{N}$,然后根据策略参数产生对应的 $N$ 个路径样本$\{h_n\}_{n=1}^{N}$,将每次收集的样本记为$\{(\theta_n, h_n)\}_{n=1}^{N}$。策略梯度的经验估计表示为

$$\nabla_\rho J(\rho) = \frac{1}{N} \sum_{n=1}^{N} \nabla_\rho \log p(\theta^n \mid \rho) R(h^n)$$

PGPE 方法中策略参数$\boldsymbol{\theta}$ 使用高斯先验分布,其超参数 $\rho = (\boldsymbol{\eta}, \tau)$的其中 $\eta$ 表示均值,$\tau$ 是标准差,每一维度的分布可表示为

$$p(\theta_i \mid \rho_i) = \frac{1}{\tau_i \sqrt{2\pi}} \exp\left(-\frac{(\theta_i - \eta_i)^2}{2\tau_i^2}\right)$$

为了得到关于超参数 $\rho$ 的策略梯度估计,关键在于计算 $\log p(\boldsymbol{\theta} \mid \rho)$的梯度。关于均值与方差 $\eta_i, \tau_i$ 的导数如下:

$$\nabla_{\eta_i} \log p(\boldsymbol{\theta} \mid \rho) = \frac{\theta_i - \eta_i}{\tau_i^2}$$

$$\nabla_{\tau_i} \log p(\boldsymbol{\theta} \mid \rho) = \frac{(\theta_i - \eta_i)^2 - \tau_i^2}{\tau_i^3}$$

由此,可得策略梯度的经验估计。

通过以上介绍,将传统策略梯度方法与 PGPE 方法的采样过程展示如图 6-6 所示。通过比较发现,传统策略梯度算法的探索是在每个时间步上直接增加随机策略引起的扰动。这样,随着时间步数的推移,随机扰动就会增加,进而梯度估计时方差也会增大。然而,PGPE 算法的探索是在开始时,首先从先验分布 $p(\boldsymbol{\theta} \mid \rho)$中得到策略参数,策略参数确定后,路径也随之确定。因此,在整个过程只在开始具有随机扰动,这样可以减小梯度估

计的方差，从而得到更可靠的策略梯度估计。

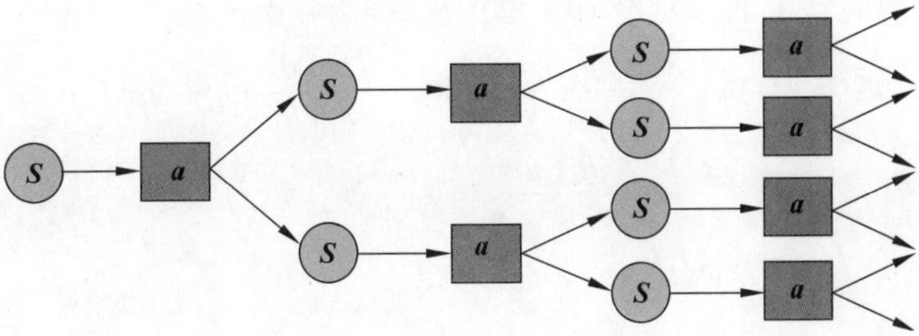


(a) REINFORCE

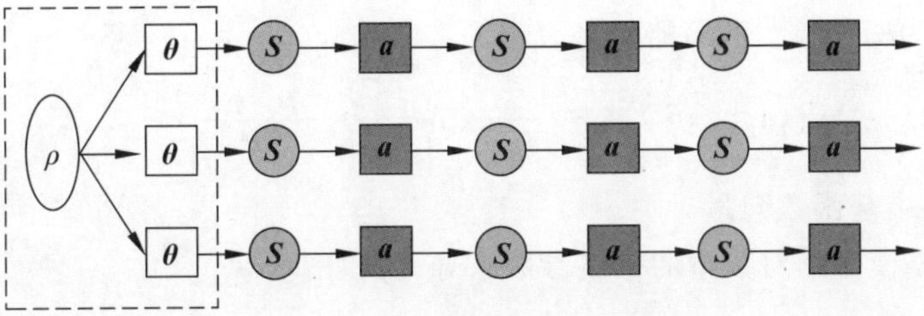


(b) PGPE

图 6-6　REINFORCE 与 PGPE 的探索方式对比

**5. 基于 EM 的策略搜索方法**

基于梯度的策略更新方法需要人为指定超参数一学习率，学习率的设定往往需要丰富的先验知识。如果学习率设定不当，常常会导致参数更新不稳定或者收敛速度很慢。对于以上问题，可以用期望最大化(expectation maximization，EM)方法解决。EM 算法的主要思想是在无法观测的隐变量的概率模型中寻找参数最大似然估计或最大后验估计。换句话说，EM 算法就是用于估计具有隐变量模型的最大似然解的迭代过程。

基于高斯策略模型与 EM 求解方法相结合的策略搜索，称为报酬加权回归(reward weighted regression，RWR)，RWR 的基本思想是通过最大化期望回报的下界来迭代更新策略参数。

下面，对 RWR 方法进行简要说明。令 $\theta_l$ 为当前策略参数，其中 $l$ 为迭代次数。首先给出对数期望累积回报的下界，即强化学习中目标函数的对数，并将其定义为$Q_l(\boldsymbol{\theta})$：

$$\log J(\boldsymbol{\theta}) \geqslant \int \frac{R(h)p(h \mid \theta_l)}{J(\theta_l)} \log \frac{p(h \mid \theta)}{p(h \mid \theta_l)} \mathrm{d}h + \log J(\theta_l) := Q_l(\boldsymbol{\theta})$$

EM 算法通过最大化下界 $Q_l(\boldsymbol{\theta})$迭代更新参数$\boldsymbol{\theta}$，用公式可表示为

$$\theta_{l+1} := \underset{\theta}{\operatorname{argmax}}\, Q_l(\boldsymbol{\theta})$$

由于在当前策略参数 $\theta_l$ 下，$\log J(\theta_l) = Q_l(\theta_l)$，下界函数 $Q_l(\boldsymbol{\theta})$与原函数在 $\theta_l$ 处重合。因此，通过最大化下界得到的更新参数能保证参数更新方向沿着期望累积回报单调增加方向进行，即

$$J(\theta_{l+1}) \geqslant J(\theta_l)$$

因此,EM 算法能够保证最终结果一定收敛于局部最大期望累积回报 $\log_J(\boldsymbol{\theta})$。为了得到 $Q_l(\boldsymbol{\theta})$的最大值,可以对 $Q_l(\boldsymbol{\theta})$关于 $\theta$ 求导然后置 0:

$$\begin{aligned}
Q_l(\boldsymbol{\theta}) &= \nabla_{\boldsymbol{\theta}}\int \frac{R(h)p(h\mid\theta_l)}{J(\theta_l)}\log\frac{p(h\mid\boldsymbol{\theta})}{p(h\mid\theta_l)}\mathrm{d}h+\log J(\theta_l)\\
&=\int \frac{R(h)p(h\mid\theta_l)}{J(\theta_l)}\nabla_{\boldsymbol{\theta}}\log p(h\mid\boldsymbol{\theta})\mathrm{d}h\\
&=\int \frac{R(h)p(h\mid\theta_l)}{J(\theta_l)}\nabla_{\boldsymbol{\theta}}\sum_{t=1}^{T}\log\pi(a_t\mid s_t,\boldsymbol{\theta})\mathrm{d}h\\
&=0
\end{aligned}\tag{6-1}$$

求解上式,便可得到最优解。现在,我们使用策略参数为$\boldsymbol{\theta}=(\boldsymbol{\mu},\sigma)$的高斯策略模型,其中$\boldsymbol{\mu}$ 为均值,$\sigma$ 为标准差。该策略模型表示为

$$\pi(\boldsymbol{a}\mid s;\boldsymbol{\theta})=\frac{1}{\sigma\sqrt{2\pi}}\exp\left\{-\frac{[a-\boldsymbol{\mu}^{\mathrm{T}}\phi(s)]^2}{2\sigma^2}\right\}$$

其中,$\phi(s)$是 $l$ 维基函数向量。

对高斯策略模型的对数中的策略参数求导,可得解析解:

$$\begin{aligned}
\nabla_{\mu}\log\pi(\boldsymbol{a}\mid\boldsymbol{s},\boldsymbol{\theta})&=\frac{\boldsymbol{a}-\boldsymbol{\mu}^{\mathrm{T}}\phi(\boldsymbol{s})}{\sigma^2}\phi(\boldsymbol{s})\\
\nabla_{\sigma}\log\pi(\boldsymbol{a}\mid\boldsymbol{s},\boldsymbol{\theta})&=\frac{(\boldsymbol{a}-\boldsymbol{\mu}^{\mathrm{T}}\phi(\boldsymbol{s}))^2-\sigma^2}{\sigma^3}
\end{aligned}\tag{6-2}$$

假设高斯策略模型的参数$\boldsymbol{\theta}=(\boldsymbol{\mu},\sigma)$更新后为 $\theta_{l+1}=(\mu_{l+1},\sigma_{l+1})^{\mathrm{T}}$,将式(6-2)代入式(6-1),便可得到更新后的参数:

$$\mu_{l+1}=\left[\int R(h)p(h\mid\theta_l)\mathrm{d}h\cdot\sum_{t=1}^{T}\phi(s_t)\phi(s_t)^{\mathrm{T}}\right]^{-1}\cdot\left[\int R(h)p(h\mid\theta_l)\mathrm{d}h\sum_{t=1}^{T}a_t\phi(s_t)\right]$$

$$\sigma_{l+1}^2=\left[\int R(h)p(h\mid\theta_l)\mathrm{d}h\right]^{-1}\left\{\int R(h)p(h\mid\theta_l)\mathrm{d}h\cdot\sum_{t=1}^{T}[a_t-\mu_{l+1}^{T}\phi(s_t)]^2\right\}$$

由于上式中的 $p(h|\boldsymbol{\theta})$未知,要想更新策略参数,就需要对数据进行采样,用经验估计值逼近目标函数值。假设收集到 $N$ 条路径样本 $h^n:=[s_1^n,a_1^n,\cdots,s_T^n,a_T^n]$,利用采样样本得到的经验估计值为

$$\boldsymbol{\mu}_{l+1}=\left[\frac{1}{N}\sum_{n=1}^{N}R(h_n)\sum_{t=1}^{T}\phi(s_t^n)\phi(s_t^n)^{\mathrm{T}}\right]^{-1}\cdot\left[\frac{1}{N}\sum_{n=1}^{N}R(h_n)\sum_{t=1}^{T}a_t^n\phi(s_t^n)\right]$$

$$\boldsymbol{\sigma}_{l+1}^2=\left[\frac{1}{N}\sum_{n=1}^{N}R(h_n)\right]^{-1}\cdot\left\{\frac{1}{N}\sum_{n=1}^{N}R(h_n)\sum_{t=1}^{T}[a_t^n-\boldsymbol{\mu}_{l+1}^{\mathrm{T}}\varphi(s_t^n)]^2\right\}.$$

通过对上述过程不断迭代求解,直到参数更新收敛,便是报酬加权回归算法。

## 6.4 深度强化学习

谷歌公司的 AlphaGo 连续两年击败世界围棋冠军,刷新了大家对强化学习的认识,使得强化学习引起了业界的广泛关注。应用在 AlphaGo 上的核心算法就是由 DeepMind

团队提出的 Deep Q network（DQN，深度 Q 网络），将深度神经网路与强化学习算法结合形成深度强化学习。目前，随着深度学习的火热，深度强化学习也越来越引起大家的注意。本节主要讲解 DQN，总体而言，算法的大体框架与 Q-Learning 基本一致，其可谓是深度强化学习的开山之作。DQN 将深度学习与强化学习相结合，实现从感知到动作的端到端学习。

在普通的 Q-Learning 中，当状态和动作空间是离散且维数不高时可使用表格储存每个状态动作对的值，而当状态和动作空间是维度高且连续时，使用表格的方式是不现实的。常规做法是把表格型值函数的更新问题转化成一个函数拟合问题，相近的状态能得到相近的输出动作。如基于最小二乘的策略迭代算法 LSPI，通过更新函数中的参数使值函数逼近最优值。DQN 通过深度神经网络自动提取状态的复杂特征，因此，面对高维且连续的状态使用深度神经网路很贴切。

DQN 的强大之处体现在 3 个方面：

（1）利用深度卷积神经网路逼近值函数；

（2）重复利用过去的经验进行训练；

（3）设计了目标网络学习 TD 偏差。用 $Q(\boldsymbol{s},\boldsymbol{a};\boldsymbol{\theta})$ 表示值函数的逼近，在 DQN 中用卷积神经网络（CNN）作为值函数的模型，由 3 个卷积层加两个全连接层构成整个值函数的网络，如图 6-7 所示。

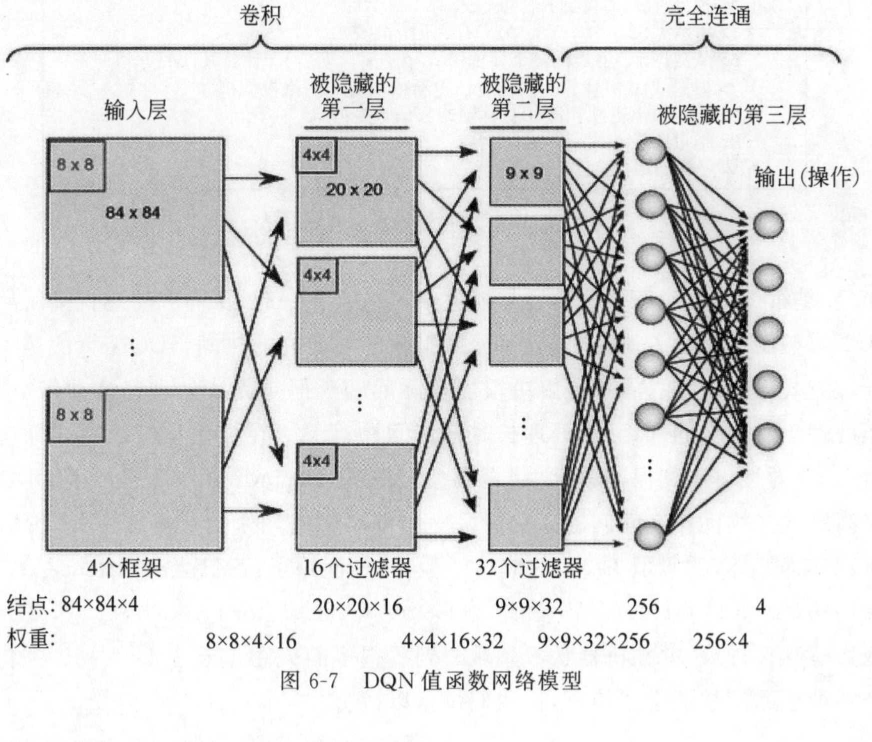


图 6-7　DQN 值函数网络模型

DQN 采用梯度下降方法更新网络参数 $\boldsymbol{\theta}$：

$$\theta_{t+1} = \theta_t + \alpha[r_t + \gamma \max_a Q(s_{t+1}, \boldsymbol{a}; \boldsymbol{\theta}) - Q(s_t, a_t; \boldsymbol{\theta})] \nabla Q(s_t, a_t; \boldsymbol{\theta})$$

$$\theta_{t+1} = \theta_t + \alpha[r_t + \gamma \max_a \cdot Q(s_{t+1}, \boldsymbol{a}; \boldsymbol{\theta}) - Q(s_t, a_t; \boldsymbol{\theta})] \nabla Q(s_t, a_t; \boldsymbol{\theta})$$

$$r_t + \gamma \max_a \cdot Q(s_{t+1}, a; \theta)$$

其中 $r_t + \gamma \max_a \cdot Q(s_{t+1}, a; \boldsymbol{\theta})$ 为 TD 目标。计算 TD 目标时所用的网络为 TD 目标网络,如果 TD 目标网络与值函数使用同样的参数 $\boldsymbol{\theta}$,容易造成数据间的相关性问题,因此,DQN 中使用 $\theta$ 更新前的值 $\boldsymbol{\theta}^-$ 来计算 TD 偏差:$y_t = r_t + \gamma \max_a Q(s_{t+1}, a; \boldsymbol{\theta}^-)$。值函数的网络每一次迭代都要更新,TD 目标网络的参数 $\boldsymbol{\theta}^-$ 每隔固定的迭代次数更新一次。因此,DQN 值函数中参数的更新可表示为

$$\theta_{t+1} = \theta_t + \alpha[r_t + \gamma \max_a Q(s_{t+1}, a; \boldsymbol{\theta}^-) - Q(s_t, a_t; \boldsymbol{\theta})] \nabla Q(s_t, a_t; \boldsymbol{\theta}) \quad (6\text{-}3)$$

在训练整个网络时,在监督学习领域通常处理的是独立同分布的数据,但是强化学习中的数据存在较强的关联,为了解决此问题,DQN 提出随机采样以往的记忆数据进行训练,从而打破数据间的关联性。DQN 算法的伪代码如图 6-8 所示。

```
1. 初始化样本记忆D，使之可容纳样本数为N
2. 任意初始化值函数网络的权值Q(s, a; θ), 同时令θ⁻=θ计算TD目标值
3. 所有M个序列样本进行迭代：
   初始化序列的初始状态s_1，并对其进行预处理得到对应的特征输入φ_1
   对序列中的T步进行迭代
      1> 利用概率ε选一个随机动作a_t
      2> 如果没有发生小概率事件，利用贪婪策略选择当前值函数最大的动作a_t
      3> 采取动作a_t，得到立即奖赏r_t，转移到下一个状态s_{t+1}
      4> 预处理s_{t+1}，得到其特征输入φ_{t+1}
      5> 将数据(φ_t，a_t，r_t，φ_{t+1})存入记忆池D
      6> 从数据池D中随机一个样本(φ_j，a_j，r_j，φ_{j+1})，计算其TD目标值y_j
      7> 根据式(6.3)计算一次梯度，更新值函数的网络权值θ
      8> 每隔数步更新一次TD目标网络权值，令θ⁻=θ
      9> 结束此步迭代
   结束序列的迭代
```

图 6-8 DQN 算法伪代码

DQN 是第一个将深度学习模型与强化学习结合在一起,从而成功地直接从高维的状态输入学习控制策略的方法,它掀起了深度强化学习研究的热潮。DQN 算法是一种端到端的训练方式,通用性较强,可以解决很多实际问题。但是无法处理连续动作空间问题,且只能处理短时记忆问题,无法处理长时记忆问题;此外,在强化学习领域训练卷积神经网络时,其收敛性得不到保证,需要精良调参。随后,DeepMind 团队提出了 DDPG,此方法解决高维或连续动作空间问题。它包含一个策略网络用来生成动作,一个价值网络用来评判动作的好坏,并吸取 DQN 的成功经验,同样使用了记忆库(experience reply)和固定目标网络(fixed Q-target),是一种结合了深度网络的 actor-critic 方法。深度强化学习最近取得了很多进展,并在机器学习领域得到了很多的关注。未来几年,深度强化学习会在各行各业不断给我们带来惊喜,让我们拭目以待。

## 6.5 小　　结

本章介绍了强化学习最基本的概念和主要的经典算法，首先将强化学习问题建模成马尔可夫随机过程，在其基础上定义了强化学习中的若干基本概念，包括策略、回报、目标函数等。然后将强化学习分成策略迭代与策略搜索两大领域，分别对其主要经典算法进行了详细的介绍，其中包括策略迭代领域中的最小二乘策略迭代算法，以及策略搜索中的REINFORCE、自然策略梯度方法、PGPE 以及基于 EM 的策略搜索方法。最后，在AlphaGo 战胜人类围棋专家的热潮下，介绍了应用到 AlphaGo 中的核心算法，即深度 Q 网络（DQN）。

# 第7章 极限学习

## 7.1 极限学习概述

极限学习机(extreme learning machine, ELM)又称超限学习机,是一类基于单层前馈神经网络(feedforward neuron network, FNN)构建的机器学习系统或方法,其特点为隐藏层结点的权重是随机的或者给定的且无须更新,学习过程仅计算输出权重。ELM在学习效率和泛化能力方面具有较强的优势,其应用主要包括分类、回归、聚类、特征学习等。

在过去的十几年中,随着人工智能的不断发展,前馈神经网络已被广泛使用在许多领域中,并趋于成熟,这主要是因为以下两个原因:

(1) 能够直接从输入的样本近似的提取复杂非线性映射样本。

(2) 对于难以处理的自然和人工现象,利用经典的参数化技术提供模型。

从另一方面来说,前馈神经网络大多采用梯度下降方法,存在一些缺点和不足。例如,较多的迭代次数造成较慢的训练速度;容易找到局部极小值,而非全局最小值;神经网络的性能受学习率的影响较大;等等。基于此,黄广斌等人在2004年提出了一种新型的前馈神经网络型算法(single-hidden layer feedforward neural network,SLFN),与传统的学习方法相比,极限学习机的输入值和隐藏层偏差被随机初始化给定,其输出权值矩阵由Moore-Penrose 广义逆矩阵计算得出。与传统的前馈神经网络和支持向量机相比,极限学习机的精度有很大提高,调整参数比较简单,同时也有良好的泛化性能和速度。2006年,该算法的原作者在对算法进行了进一步测评后,将其发表至 *Neurocomputing*,引起了广发关注。虽然最初 EML 是为监督学习问题而设计的,但在进一步的研究过程中,很多研究人员将其应用于目标识别、故障识别、人脸识别、入侵检测等领域。同时,也为机器学习领域带来了很多启发,影响深远。接下来,将对及极限学习算法进行详细的讲解。

## 7.2 极限学习算法

ELM 是一种新的快速机器学习算法,对于一个单隐藏层的神经网络,ELM 的作用是随机初始化输入权重和隐藏层偏置并得到相应的输出权重。如图 7-1 所示为典型单隐藏层神经网络结构。

如图 7-1 所示,最下层为一个输入层,样本维度用 $n$ 个结点表示,$x_j$ 表示的是第 $j$ 个样本。中间的一层为隐藏层,有 $L$ 个结点,$L$ 越大,表达的能力越强;结点 $i$ 与输入层之间的权值表示为$\boldsymbol{w}_i$,与输出层连接权值表示为$\boldsymbol{\beta}_i$,$\boldsymbol{b}_i$ 为隐藏层偏置。最上层为输出层,$\boldsymbol{o}_j$ 表示样本 $j$ 的输出。

对于一个单隐藏层的神经网络(见图 7-1),假设有 $n$ 个任意的样本$(\boldsymbol{x},\boldsymbol{t})$,其中 $\boldsymbol{x}=$

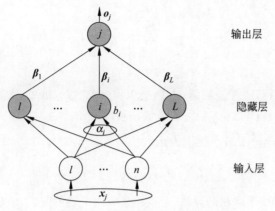

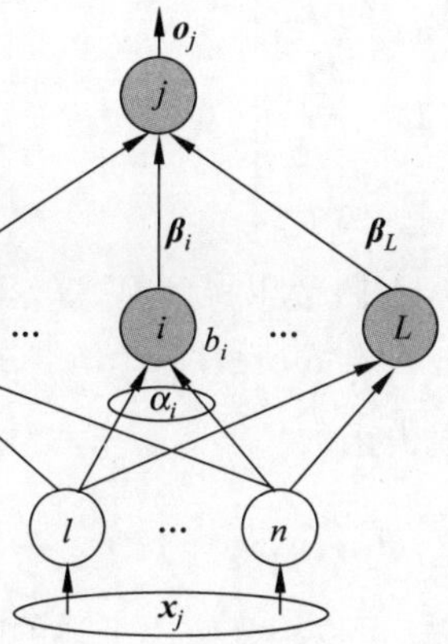


图 7-1 单隐藏层神经网络结构

$[\boldsymbol{x}_1,\boldsymbol{x}_2,\cdots,\boldsymbol{x}_n]^{\mathrm{T}}\in\boldsymbol{R}^n$，$\boldsymbol{t}=[\boldsymbol{t}_1,\boldsymbol{t}_2,\cdots,\boldsymbol{t}_n]^{\mathrm{T}}\in\boldsymbol{R}^m$。$\boldsymbol{x}$ 表示输入，$\boldsymbol{t}$ 表示期望输出。对于一个存在 $L$ 个隐藏层结点的单隐藏层神经网络，可以表示为

$$\sum_{i=1}^{L}\boldsymbol{\beta}_i g(\boldsymbol{w}_i\boldsymbol{x}_j+\boldsymbol{b}_i)=\boldsymbol{o}_j,\quad j=1,2,\cdots,n \tag{7-1}$$

其中，$g(\boldsymbol{x})$为激活函数；$\boldsymbol{w}=[\boldsymbol{w}_1,\boldsymbol{w}_2,\cdots,\boldsymbol{w}_n]^{\mathrm{T}}$为输入权重；$\boldsymbol{\beta}_i$为第 $i$ 个隐藏层单元的输出权重；$\boldsymbol{b}_i$ 是第 $i$ 个隐藏层单元的偏置。$\boldsymbol{w}_i\boldsymbol{x}_j$表示 $\boldsymbol{w}_i$ 和 $\boldsymbol{x}_j$ 的内积。

对于单隐藏层神经网络，它学习的目标是使得网络最终输出的误差最小，可以表示为

$$\sum_{j=1}^{N}|\boldsymbol{o}_j-\boldsymbol{t}_j|=0 \tag{7-2}$$

即存在$\boldsymbol{\beta}_i$，$\boldsymbol{w}_i$ 和 $\boldsymbol{b}_i$，使得

$$\sum_{i=1}^{L}\boldsymbol{\beta}_i g(\boldsymbol{w}_i\boldsymbol{x}_j+\boldsymbol{b}_i)=\boldsymbol{t}_j,\quad j=1,2,\cdots,n \tag{7-3}$$

可以矩阵表示为

$$\boldsymbol{H\beta}=\boldsymbol{t} \tag{7-4}$$

其中，$\boldsymbol{H}$ 为隐藏层结点的输出；$\boldsymbol{\beta}$ 为输出权重；$\boldsymbol{T}$ 为期望输出。

$$\begin{aligned}\boldsymbol{H}&=(\boldsymbol{w}_1,\boldsymbol{w}_2,\cdots,\boldsymbol{w}_L,\boldsymbol{b}_1,\boldsymbol{b}_2,\cdots,\boldsymbol{b}_L,\boldsymbol{x}_1,\boldsymbol{x}_2,\cdots,\boldsymbol{x}_L)\\&=\begin{bmatrix}g(\boldsymbol{w}_1\boldsymbol{x}_1+\boldsymbol{b}_1)&\cdots&g(\boldsymbol{w}_l\boldsymbol{x}_1+\boldsymbol{b}_l)\\\vdots&\ddots&\vdots\\g(\boldsymbol{w}_1\boldsymbol{x}_n+\boldsymbol{b}_1)&\cdots&g(\boldsymbol{w}_l\boldsymbol{x}_n+\boldsymbol{b}_l)\end{bmatrix}_{n\times l}\end{aligned} \tag{7-5}$$

$$\boldsymbol{\beta}=\begin{bmatrix}\boldsymbol{\beta}_1^{\mathrm{T}}\\\boldsymbol{\beta}_2^{\mathrm{T}}\\\vdots\\\boldsymbol{\beta}_l^{\mathrm{T}}\end{bmatrix}_{l\times m} \tag{7-6}$$

$$\boldsymbol{T}=\begin{bmatrix}\boldsymbol{T}_1^{\mathrm{T}}\\ \boldsymbol{T}_2^{\mathrm{T}}\\ \vdots\\ \boldsymbol{T}_n^{\mathrm{T}}\end{bmatrix}_{n\times m} \tag{7-7}$$

为了能够训练单隐藏层神经网络，人们希望得到 $W_i$，$b_i$ 和 $\beta_i$，使得

$$\|\boldsymbol{H}(W_i,b_i)\beta_i-\boldsymbol{T}\|=\min_{\boldsymbol{W},\boldsymbol{b},\boldsymbol{\beta}}\|\boldsymbol{H}(W_i,b_i)\beta_i-\boldsymbol{T}\| \tag{7-8}$$

其中，$i=1,2,\cdots,l$，这等价于最小化损失函数

$$E=\sum_{j=1}^{n}\left(\sum_{i=1}^{l}\boldsymbol{\beta}_i g(\boldsymbol{w}_i\boldsymbol{x}_j+\boldsymbol{b}_i)-\boldsymbol{T}_j\right)^2 \tag{7-9}$$

一些传统的基于梯度下降法的算法，可以用来解决上述的问题，但是基本的基于梯度的学习算法的所有参数都需要在迭代的过程中进行调整。而在 ELM 这个算法中，一旦输入权重$W_i$和隐藏层的偏置$b_i$被随机确定，隐藏层的输出矩阵 $\boldsymbol{H}$ 就被唯一确定。训练单隐藏层神经网络的任务就可以转化为求解一个线性系统的任务，并且输出的权重 $\beta$ 可以被确定

$$\boldsymbol{\beta}=\boldsymbol{H}^{+}\boldsymbol{T}^{+} \tag{7-10}$$

其中，$\boldsymbol{H}^{+}$ 是矩阵 $\boldsymbol{H}$ 的 Moore-Penrose 广义逆，并且可证明求得的解是最小的并且唯一的$\boldsymbol{\beta}$。

通过以上的分析讨论可以得出 ELM 算法的具体步骤如下：

假设一个给定的训练集，$n=\{(\boldsymbol{x}_j,t_j)\mid \boldsymbol{x}_j\in\mathbf{R}^n,t_j\in\mathbf{R}^m,j=1,2,\cdots,n\}$，激活函数为 $g(x)$，隐藏层单元的个数为 $l$。

步骤 1：随机设定输入权重$w_i$和隐藏层偏置$b_i$，$i=1,2,\cdots,l$；

步骤 2：计算隐藏层输出矩阵 $\boldsymbol{H}$；

步骤 3：计算输出权重$\boldsymbol{\beta}=\boldsymbol{H}^{+}\boldsymbol{T}$。

ELM 算法的特点：

与传统机器学习的算法相比，ELM 算法具有很多独到之处。

(1) ELM 算法的输入权重和隐藏层偏置可以任意指定，并且无法进行人为进行调整。

(2) ELM 算法的学习速度非常快，并且它的泛化性能非常好。

(3) 相对于传统的基于梯度的学习算法来说，ELM 算法克服了局部极小值、不合适的学习率、过度拟合等问题。

(4) ELM 算法适合所有有界分段连续的激活函数。

## 7.3 极限学习的改进

### 7.3.1 核极限学习

核极限学习机(KELM)是黄广斌等人在其之前提出的 ELM 算法基础上，用核函数取代未知的隐藏层特征映射的一种改进算法，核极限学习机的网络结构如图 7-2 所示。从图 7-2 中可以看出，KELM 不仅有 EML 算法的许多优势，此外借助核函数，对线性不

可分的模式通过非线性映射到高维特征空间从而实现线性可分，进一步提高了判断的准确率。

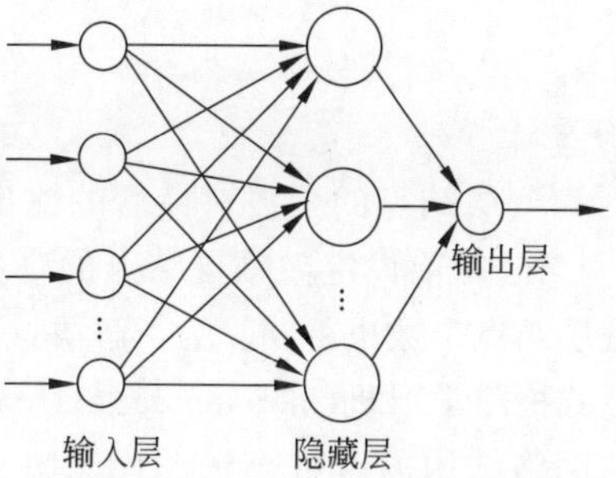


图 7-2　核极限学习网络结构

KELM 是 ELM 的非线性延伸，因此，在 ELM 的基础上，给出 KELM 的学习方法，已知 SLFN 模型为

$$f(\boldsymbol{x})=h(\boldsymbol{x})\boldsymbol{\beta}=\boldsymbol{H}\boldsymbol{\beta} \tag{7-11}$$

其中，$\boldsymbol{x}$ 是输入样本；$f(\boldsymbol{x})$是网络输出，在分类任务中 $f(\boldsymbol{x})$为类别向量；$h(\boldsymbol{x})$、$\boldsymbol{H}$ 是隐藏层特征映射矩阵；$\boldsymbol{\beta}$ 是隐藏层输出层连接权重。因此，在核极限学习算法中有

$$\boldsymbol{\beta}=\boldsymbol{H}^{\mathrm{T}}\left(\boldsymbol{H}\boldsymbol{H}^{\mathrm{T}}+\frac{1}{C}\right)^{-1}\boldsymbol{T} \tag{7-12}$$

其中，$\boldsymbol{T}$ 是训练样本的类标志向量矩阵；$C$ 为正规化系数；$\boldsymbol{I}$ 为单位矩阵。

当隐藏层特征映射 $h(\boldsymbol{x})$未知时，KELM 核矩阵定义如式(7-13)所示。

$$\boldsymbol{\Omega}_{\mathrm{ELM}}=\boldsymbol{H}\boldsymbol{H}^{T};\boldsymbol{\Omega}_{\mathrm{KELM}}=h(\boldsymbol{x}_i)h(\boldsymbol{x}_j)=\boldsymbol{K}(\boldsymbol{x}_i,\boldsymbol{x}_j) \tag{7-13}$$

则有

$$f(\boldsymbol{x})=\begin{pmatrix}K(\boldsymbol{x},\boldsymbol{x}_1)\\ \vdots \\ K(\boldsymbol{x},\boldsymbol{x}_n)\end{pmatrix}\left(\frac{1}{C}+\Omega_{\mathrm{KELM}}\right)^{-1}\boldsymbol{T} \tag{7-14}$$

核函数在核极限学习算法中有举足轻重的作用，下面给出几个常用的核函数。

线性核函数：

$$K(\boldsymbol{x}_i,\boldsymbol{x}_j)=\boldsymbol{x}_i^{\mathrm{T}}\boldsymbol{x}_j$$

高斯 RBF 核函数：

$$K(\boldsymbol{x}_i,\boldsymbol{x}_j)=\exp\left(-\frac{\|\boldsymbol{x}_i-\boldsymbol{x}_j\|^2}{\gamma^2}\right)$$

多项式核函数：

$$K(\boldsymbol{x}_i,\boldsymbol{x}_j)=(\boldsymbol{x}_i^{\mathrm{T}}\boldsymbol{x}_j+c)^d,\quad c\geqslant 0$$

Sigmoid 核函数：

$$K(\boldsymbol{x}_i,\boldsymbol{x}_j)=\tanh(\boldsymbol{\beta}\boldsymbol{x}_i^{\mathrm{T}}\boldsymbol{x}_j+\boldsymbol{\gamma}),\quad \boldsymbol{\beta}>0,\boldsymbol{\gamma}>0$$

在实际应用中，一般选用 RBF 函数核。

综上所述，核极限学习机无须预先确定隐藏层结点个数。对比 EML，在网络训练时，只需选取适当的核参数以及正则化系数，然后通过矩阵运算，便可获得网络的输出权值。

但该方法仍存在一些问题,如核参数与正则化系数如果选择不恰当,则会严重影响到整个模型的性能。同时,如果网络输入选择不恰当,也会影响整体性能,在应用过程中这些需要特别注意。

### 7.3.2 增量型极限学习

对于一个神经网络而言,隐藏层结点的个数对最后的输出结果起着至关重要的作用。原始的极限学习算法需要在网络学习前设定隐藏层结点的个数,这个值往往是依据实践经验得到的,但不同的模型隐藏层结点个数也不同。为了解决这一问题,黄广斌等人提出了基于极限学习的改进算法,增量式极限学习机(incremental extreme learning machine,I-ELM)。

I-ELM 是一个可以调整网络结构的改进算法。I-ELM 算法的核心思想是通过逐个向网络中增加隐结点来确定最优的网络结构,直到达到最大隐结点个数或期望误差。在 I-ELM 中,不但可以随机选取隐藏层单元的个数,而且可通过计算直接得到隐藏层和输出层的连接权重。当增加新的隐藏层单元时,已有的单元输出权重不再改变,只需要计算新增的单元与输出层的连接权重即可。

以下以一个线性输出结点的单隐藏层前向神经网络为例介绍,所有的分析结果都可推广为多个非线性输出结点的情况。

一个含有 $d$ 个输入,$n$ 个隐藏层结点,以及一个线性输出的单隐藏层前向神经网络的数学模型如式(7-15)所示。

$$f_n(\boldsymbol{x})=\sum_{i=1}^{n}\boldsymbol{\beta}_i g_i(\boldsymbol{x})=\sum_{i=1}^{n}\boldsymbol{\beta}_i G(\boldsymbol{x},\boldsymbol{a}_i,\boldsymbol{b}_i),\quad \boldsymbol{x}\in\mathbf{R}^d \tag{7-15}$$

其中,$\boldsymbol{a}_i$ 表示输入层与第 $i$ 个隐藏层结点之间的连接权重;$\boldsymbol{b}_i$ 表示第 $i$ 个隐藏层结点的偏置;$\boldsymbol{\beta}_i$ 表示第 $i$ 个隐藏层结点和输出层之间的连接权重;$f_n(\boldsymbol{x})$ 表示第 $n$ 步的网络输出,$g_i(\boldsymbol{x})=G(\boldsymbol{x},\boldsymbol{a}_i,\boldsymbol{b}_i)$ 表示第 $i$ 个隐藏层结点的输出。

在单隐藏层前向神经网络中,一般考虑两类隐藏层结点在激活函数 $g(\boldsymbol{x})$ 下的输出。这两种类型分别如下。

(1) 可加性隐藏层结点(additive hidden nodes):

$$g_i(\boldsymbol{x})=G(\boldsymbol{x},\boldsymbol{a}_i,\boldsymbol{b}_i)=g(a_i\boldsymbol{x}+\boldsymbol{b}_i),\quad a_i\in\mathbf{R}^d,\boldsymbol{b}_i\in\mathbf{R} \tag{7-16}$$

其中,$\boldsymbol{a}_i$ 表示输入层与第 $i$ 个隐藏层结点之间的连接权重;$\boldsymbol{b}_i$ 表示第 $i$ 个隐藏层结点的偏置。

(2) RBF 型隐藏层结点(radial basis function hidden nodes):

$$g_i(\boldsymbol{x})=G(\boldsymbol{x},\boldsymbol{a}_i,\boldsymbol{b}_i)=g(\boldsymbol{b}_i\|\boldsymbol{x}-\boldsymbol{a}_i\|),\quad \boldsymbol{a}_i\in\mathbf{R}^d,\boldsymbol{b}_i\in\mathbf{R}^+ \tag{7-17}$$

其中,$a_i b_i$ 分别表示第 $i$ 个 RBF 型隐藏层结点的中心和影响因子。

I-ELM 算法网络序列生成的迭代公式为

$$f_n(\boldsymbol{x})=f_{n-1}(\boldsymbol{x})+\boldsymbol{\beta}_n g_n(\boldsymbol{x}) \tag{7-18}$$

其中,$f_n(\boldsymbol{x})$ 表示第 $n$ 步所产生的网络输出;$g_n(\boldsymbol{x})$ 表示第 $n$ 步新增的隐藏层结点在隐藏层的输出;$\boldsymbol{\beta}_n$ 表示连接新增的隐藏层结点与输出层之间的权重,其值可按照式(7-19)计算得到

$$\boldsymbol{\beta}_n=\frac{\langle e_{n-1},g_n\rangle}{\|g_n\|^2} \tag{7-19}$$

其中，$e_{n-1}=f-f_{n-1}$表示新增的第 $n$ 个隐藏层结点前网络的输出误差。

综合以上来看，I-ELM 算法的学习过程如下：

给定训练样本集 $N=\{(x_j,t_j)\mid X_j\in\mathbf{R}^n,t_j\in\mathbf{R}^m,j=1,2,\cdots,N\}$，激活函数为$g(\boldsymbol{x})$，设最大隐藏层结点的个数为$N_{\max}$，期望学习精度为 $e$。

初始化阶段：设定 $N=0$，误差为 $\boldsymbol{E}=\boldsymbol{T}$，这里的 $\boldsymbol{T}=[\boldsymbol{t}_1,\boldsymbol{t}_2,\cdots,\boldsymbol{t}_N]^{\mathrm{T}}$ 表示期望输出。

学习阶段：当 $N<N_{\max}$且$\|E\|>e$ 时：

(1) 增加一个隐结点：$N=N+1$；

(2) 为新增的隐结点随机选取参数$(\boldsymbol{a}_N,\boldsymbol{b}_N)$；

(3) 计算新增隐结点的输出权重：

$$\boldsymbol{\beta}_N=\frac{\boldsymbol{E}\boldsymbol{H}_N^{\mathrm{T}}}{\boldsymbol{H}_N\boldsymbol{H}_N^{T}} \tag{7-20}$$

(4) 计算增加第 $N$ 个隐藏层结点后新网络的误差：

$$\boldsymbol{E}=\boldsymbol{E}-\boldsymbol{\beta}_N\boldsymbol{H}_N \tag{7-21}$$

当 $N>N_{\max}$或 $\|E\|<e$ 时算法结束，此时得到的即为最优的网络结构。

在 I-ELM 算法中，隐藏层结点的输出权重是按照最小二乘法求出的，每增加一个隐藏层结点计算一次输出权重，因此和 ELM 算法相比来说有更快的收敛速度。

### 7.3.3 深度极限学习

近年来，随着人工智能领域的发展，其包含的深度学习俨然成为人们的研究热点。多层隐藏层有助于神经网络逐层进行特征提取形成数据高阶表示，深度神经网络贪婪的逐层无监督训练过程可以作为有监督参数微调过程的初始化设置，以解决训练标签缺乏的问题。然而，有监督训练大多是基于梯度优化的方法，梯度下降算法的学习速率十分缓慢，需要通过不断地迭代训练获得隐藏层参数，因此随着网络层数的增加训练效率明显减慢，使得目标函数陷入局部极小值的概率增加，间接增加了训练的难度。借助极限学习机，单隐藏层前馈神经网络结构通过按某种概率分布随机选取隐藏层输出的方法来避开参数的迭代微调过程；Widrow 等人基于极限学习机提出了最小均方的方法并提出相应的极限学习机自编码器。极限学习机自编码器是一个通用的逼近器，是在极限学习机模型上进一步修改。其原理是，即输入数据同样被用于输出层，将随机生成的隐藏层输入权值矩阵和偏置向量正交化。该正交化过程可将输入数据映射到不同维度的空间，从而实现维度压缩、等维度的特征表达、稀疏表达等的特征表达。然而，由于极限学习机的单隐藏层结构使得其捕捉高维数据的能力有限，当输入数据维度越来越高时，基于自编码器的极限学习机难以处理数万甚至百万数据，因此自编码器的极限学习机不适合处理高维度数据。

基于上述问题，黄广斌等人提出一种基于深度学习的多层极限学习机算法。将深度极限学习机作为基本学习单元进行逐层的无监督学习，通过将低层的特征逐层传递得到高阶特征表示，这一过程保留了较多的原始输入信息。在提取特征时，堆栈自编码方法可以有效地从输入中学习到有效的特征，它借助编码和解码过程构造的参数回归函数来重构输入数据，并最小化重构误差得到有效的特征表示。因此，基于自编码思想的深度极限学习机是一个多层前馈网络，其参数通过级联的多个极限学习机学习得到。深度极限学习机按结构上可以分解为多个 ELM 模型，深度极限学习机自编码器特征学习过程如图 7-3 所示。对含 $N$ 个样本的训练数据集$\{\boldsymbol{x}_j, \boldsymbol{y}_j\}(j=1,2,\cdots,N)$，假设网络有 $h$ 层隐藏层，$\boldsymbol{x}_j$ 表示第 $j$ 个 ELM 模型的输入，$\{\boldsymbol{w}_1, \boldsymbol{w}_2, \cdots, \boldsymbol{w}_{h+1}\}$代表网络需要学习的权值参数。进一步简化，每一层隐藏层可以作为一个独立的 ELM，该 ELM 将输入作为理想的目标输出，以完成对输入的重构。注意，连接输入层隐藏层每一个隐结点的权重向量是彼此正交的，这样可以有效地将输入数据映射到一个随机的子空间。对比 ELM 独立地随机初始化输入权值，正交的权重向量可以捕获输入数据的边缘特征，保证模型自动并有效地学习数据内在特征，提高泛化性能。深度极限学习机自编码器和传统深度学习算法相同使用层贪婪的训练方法来训练网络，再用 BP 算法对整个网络进行调整。但是它与传统深度学习算法不同之处是，不需要参数调整迭代过程。

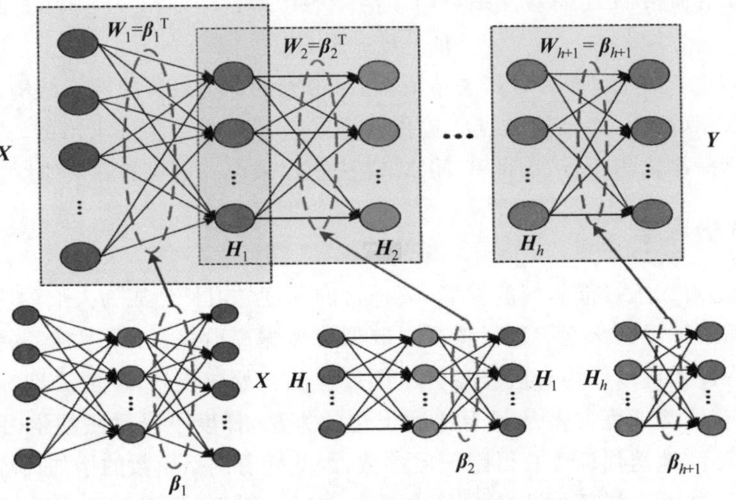


图 7-3　深度极限学习机自编码器逐层训练机制

整个网络训练过程如下：用极限学习机自编码器算法训练第一层网络，得到第一层隐藏层的输出，再将第一层的输出作为第二层输入输出训练第二层网络，以此类推，知道最后一层隐藏层，而连接最后一层隐藏层，输出层的输出用常规的最小二乘法进行计算。其中，深度极限学习机自编码器的隐藏层激励函数可是线性函数也可以是分段非线性函数。该系统可进一步化为一个线性模型，每一个 ELM 的输出权值矩阵$\boldsymbol{\beta}_k$都可以通过计算隐藏层结点的个数得到。但是，当连续两层隐藏层的结点数相等时，第二层隐藏层获得的随机投影与第一层的输入空间为相同空间，此时，输出权值矩阵$\boldsymbol{\beta}_k$的求解过程可以看作 Procrustes 正交问题的求解，可采用奇异值分解的方法计算得到。最终得到映射到原始空间的特征参数$\boldsymbol{\beta}_k$，由于$\boldsymbol{\beta}_k$是线性系统的最小二乘解，故该系统可以达到最小的重构误差。该网络模型通过最大限度地降低重建误差，得到输入数据的编码，并作为下一层的输入。由自编码器的原理可知，$\boldsymbol{\beta}_k$与输入的原始数据密切相关，因此，$\boldsymbol{\beta}_k$转置作为深度极限学习机模型的第 $k$ 层连接权值，如(式 7-22)所示。

$$\boldsymbol{w}_k=\boldsymbol{\beta}_k^{\mathrm{T}}\quad(k=1,2,\cdots,h) \tag{7-22}$$

模型中第 $h$ 层隐藏层前的所有权值参数 $\{\boldsymbol{w}_1, \boldsymbol{w}_2, \cdots, \boldsymbol{w}_{h+1}\}$ 可依次通过递归学习计算出来，并推出第 $h$ 层隐藏层输出 $\boldsymbol{H}_h$，并把该 ELM 的目标输出作为训练集的理想输出，求得的 $\boldsymbol{\beta}_{k+1}$ 作为特征 $\boldsymbol{H}_h$ 到训练集理想输出 $\boldsymbol{Y}$ 之间的连接权值。至此，网络需要学习的权值参数 $\{\boldsymbol{w}_1, \boldsymbol{w}_2, \cdots, \boldsymbol{w}_{h+1}\}$ 已得到，深度极限学习机自编码器模型训练过程完成。

传统的极限学习机是基于单隐藏层前馈神经网络架构的，无法很好地捕捉高层次的相关抽象信息，而深度神经网络虽然能通过逐层学习得到数据的高阶表示，但其训练速度慢、效率低。然而深度极限学习机自编码器结合两者的优点。其一，只需要设置网络的隐藏层结点个数，省去了人为设置大量的网络参数的烦琐过程；其二，在训练过程中不需要迭代更新网络权值以及隐藏层的偏置，只需要求出输出权重即可产生唯一的最优解。简言之，采用自编码的思想将多个极限学习机作为基本学习单元构成深度极限学习机自编码器来进行逐层的无监督学习，通过逐层学习由低层的特征得到高阶的特征表示，再通过一层有监督的极限学习机完成到目标输出的特征映射。由于极限学习机不需要迭代调整网络权值，减少了计算时间开销；半监督的逐层训练机制更适用于实际问题中训练标签难以获取的情况。因此，深度多层极限学习机结合极限学习机和深度学习的优点，不仅能提取出原始数据最本质的特征，而且深度极限学习机可以对原始数据进行特征映射，通过实现原始数据高维度、等维度、低维度的特征表达，使得极限学习机能够在高维数据情况下依旧保持良好性能，有效地解决高维度数据问题。深度极限学习机自编码器最大限度地减少了信息传递过程中的损耗，省去了有监督下的迭代微调过程，降低了模型计算复杂度，因此深度极限学习机训练速度快。另外，该算法抗噪性能较好，能够获得更佳的表现及更好的泛化性能。

## 7.4 极限学习的应用

极限学习机(extreme learning machine, ELM)是一类针对单层前馈神经网络(single layer feedforward neuron network, SLFN)设计的机器学习算法，相较于传统神经网络的训练方法，其训练速度特别快，主要特点是隐藏层结点参数可以是随机分配的或人为给定的且不再需要更新，学习过程仅需计算输出权重。ELM 具有泛化能力强和学习效率高的优点，被普遍应用于聚类、特征学习、分类和回归等问题中。

ELM 在许多领域都有应用，这里提供一些个例作为介绍。在图像处理方面，ELM 被成功用于低分辨率至高分辨率图像的转化，以及遥感图像中对下垫面类型的识别。在生物科学研究领域，ELM 被用于预测蛋白质的交互作用。在地球科学领域，由于 ELM 良好的泛化能力，很多包含非线性过程且缺乏观测数据的预测问题得以成功地解决，例如对日河流径流量、干旱指数和风速的预测。大量的实验数据结果表明，ELM 算法具有良好的泛化能力，被广泛应用于模拟电路故障诊断、诊断变压器故障以及处理污水过程中操作行为识别等众多不同领域。同时，李彬等人将 ELM 算法与智能算法相结合，用于优化解决识别故障时稳定性差以及分类准确率低等问题，提出的优化算法中，其 ELM 采用径向基函数作为激活函数，采用粒子群与差分进化算法相结合优化 ELM 神经网络中隐藏层神经元 RBF 的中心与宽度，提高 RBF-ELM 算法的泛化能力与鲁棒性。研究者采用果蝇优化算法优化 ELM 神经网络算法中的输入层权值与隐藏层阈值，提升了 ELM 神经网络算法的准确度与稳定性。尽管上述的优化算法与 ELM 相结合在不同程度上提升了神经网络的性能，但也由于优化算法的引入，使得额外的训练成本急剧提高，极大弱化了 ELM 本身训练速度快的特点，尤其随着训练数据规模的增大，该缺陷越加明显。

HP-ELM 是包含 ELM 算法的编程模块，该模块是基于 Python 开发的 ELM 算法库，包含 GPU 加速和内存优化设计，适用于处理大数据问题。HP-ELM 支持 LOO(leave one out)和分组交叉验证(k-fold cross validation)动态选择隐藏层结点个数，提供的特征映射包括线性函数、sigmoid 函数、双曲正弦函数和 3 种径向基函数。

此外在 ELM 原作者黄广斌的个人主页上有 ELM 源代码开放下载。

### 7.4.1 极限学习在图像分类中的应用

图像分类是指根据各类别在图像中所表达出来不同的特征，利用计算机资源对图像进定量分析，把各类别对应的区域划分开，具体是将整个图像或者图像中的每个像素或者各个区域划分为事先定义的若干个类别中的某一种的图像处理方法。

在机器学习中常采用基于数据驱动的方法进行图像分类。所谓基于数据驱动的方法，就是给计算机很多数据，然后实现学习算法，让计算机学习到每个类的外形的方法。基于这种方法的完整流程如下。

(1) 输入：输入是包含 $N$ 个图像的集合，每个图像的标签是 $K$ 种分类标签中的一种。这个集合称为训练集。

(2) 学习：将训练集输入到分类器或者模型来学习每个类的特征。一般称为训练分类器或者学习一个模型。

(3) 评价：让分类器来预测它未曾见过的图像的分类标签，并以此来评价分类器的质量。人们会把分类器预测的标签和图像真正的分类标签对比。毫无疑问，分类器预测的分类标签和图像真正的分类标签如果一致，那就是好事，这样的情况越多越好。

图像分类作为多个方向科技研究的基础，一直以来是研究的热点问题。而研究的工具不同，使得图像处理本身又产生了很多方向，这些方向和应用学科交义融合，使得它成为一个庞大的知识体系。基于数据的机器学习因为论深厚，且实现容易，受到应用科技学界的青睐，近年来发展很快。其结合模式识别的思路，利用一些能代表感兴趣部分图像的特征数据来训练模型，这些被训练好的模型可以对要处理的图像归入事先设置好的类别当中。早期的机器学习方法有人工神经网络，支持向量机等，这些方法已经广泛应用到实际当中，如各种生物识别和农业植物分类等，但也存在一些问题，如 BP 神经网络比较复杂、SVM 速度慢等，而近来国际上流行的一种新的机器学习方法(extreme learning machine，ELM)。ELM 随机产生隐藏层结点参数，然后应用得到的外权来决定输出，大大简化了传统神经网络复杂的迭代过程。

### 7.4.2 极限学习在入侵检测中的应用

随着计算机网络信息技术的高速发展，网络安全与国家安全和社会稳定的关系密切。其中，入侵检测技术的发展需求日益增加，网络入侵指未经过用户授权而对系统资源进行非法操作的行为，当前网络安全研究的热点是将机器学习算法作为入侵检测模型的核心。

深度多层极限学习机在入侵检测中的应用如下：

深度神经网络受限于网络结构与训练方法，通常收敛速度比较慢以及训练时间比较长。为了解决深度神经网络参数训练困难的问题，2004 年黄广斌等人提出了一种操作简单、高效稳定的极限学习机算法。凭借极限学习机优秀的学习速度与泛化能力，其在图像识别，生物科学等很多领域都得到了良好的应用。但在网络安全研究中鲜有极限学习机相关的研究。在现实的入侵检测中，攻击特征常呈现高维度，针对现实网络环境中获取标记样本难，因此在入侵检测中大量运用半监督学习和无监督学习算法。本节介绍一种应用于入侵检测的一种深度多层极限学习机算法。

先分析一下入侵检测中可以运用深度多层极限学习机的原因。入侵检测的数据通常是高维度的。而入侵特征在多层极限学习机中可以用奇异值进行表示，在入侵检测中运用基于深度学习思想的多层极限学习机，可以对检测样本提取最高层次的抽象特征，实现更本质地对检测数据进行表达，并且由于其训练速度较快，可以在较短时间内对庞大的入侵检测数据完成检测。最后，可以通过逐层无监督学习的方式，使用基于多层极限学习机的检测算法处理入侵检测数据难以获取标记数据的问题。综上所述，基于深度多层极限学习机的入侵检测算法可以有效地解决如今入侵检测中数据量大、数据维度高、获取标记数据难、构建特征难、训练困难等问题。

基于深度多层极限学习机的入侵检测算法流程如图 7-4 所示。算法的训练设置如下：首先构建好深度多层极限学习机的网络结构，将$\{\boldsymbol{x}_i,\boldsymbol{y}_i\}(i=1,2,\cdots,N)$作为训练数据输入网络，使输入数据等于输出数据。输出为各隐层结点的权值矩阵$\boldsymbol{\beta}$。基入侵检测测试时输入为测试数据$\{\boldsymbol{x}_j,\boldsymbol{y}_j\}(j=1,2,\cdots,N)$，输出为入侵检测分类的结果：正常或攻击。

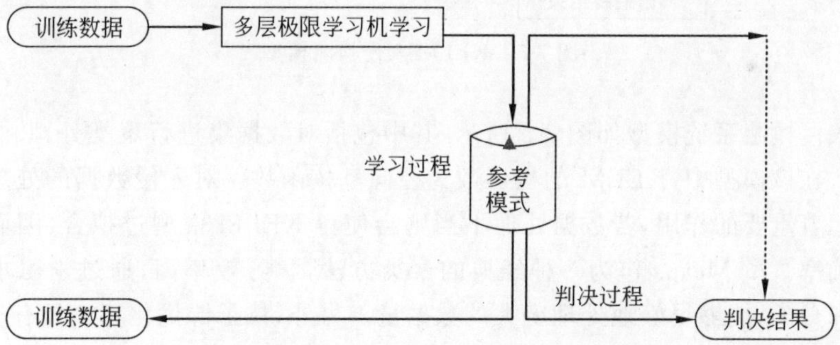


图 7-4　基于多层极限学习机的入侵检测算法流程

通过逐层无监督学习的方式，基于深度多层极限学习机的入侵检测算法使用大量未标记的数据进行训练学习得到网络中各隐藏层的权重矩阵，然后利用该学习到的网络模型对需要检测的网络数据进行分类，以此区分正常数据与攻击数据。

此外，针对目前入侵检测系统中普遍存在数据量大、数据维度高、训练困难等问题，在系统中引入核极限学习机(KELM)算法，可以适用于高纬度数据训练，并且无须调整网络的输入权值，训练速度快，降低入侵检测系统的训练难度。但 KELM 的分类性能直接受限于入侵数据的分布不均，不均衡和噪声干扰等问题。因此，针对入侵数据处理问题，陈兴亮等人提出了一种基于核极限学习机的入侵检测算法。

鉴于 ELM 在构建回归模型时需要过多随机隐藏结点，训练成本高，黄广斌等人提出了核极限学习机(KELM)。对比 ELM，KELM 具有更好的泛化能力，并且在训练过程中无须再确定隐藏结点，避免了许多先验工作，大大降低了训练成本以及训练难度。整个入侵检测系统模型如图 7-5 所示。

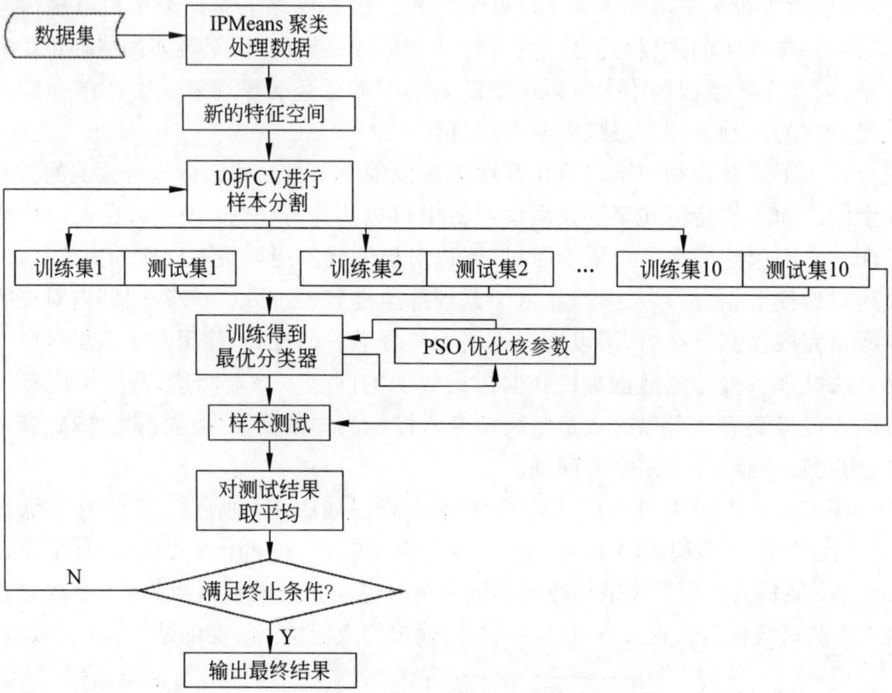


图 7-5　KELM 入侵检测模型

整个入侵检测系统模型如图 7-5 所示，其中包括对数据集进行聚类处理和 KELM 的分类模块。在该模型中，KELM 的核函数为径向基核函数。对入侵数据的处理对于整个模型性能起着重要的作用，若数据处理不当则会使得 KELM 模型过拟合，因而降低模型分类的准确率。*K*-Means 作为一种经典的聚类方法，学习效率高，通过学习求解最优的聚类中心和分类，能够很好地处理庞大的数据量。另外，粒子群优化算法具有较强的全局搜索能力。改进的粒子群优化 *K*-Means 算法首先优化初始 $k$ 值，再根据 $k$ 值将训练数据集划分为个 $k$ 类，根据对象的相似性调节对象的位置，最终使对象到对应类心距离之和最小。即改进的粒子群优化 *K*-Means 算法能够从原始数据的特征空间中提取出最具区分能力的特征子集，删除原始数据集中的无关数据，从而提高整个入侵检测系统模型的检测能力。

KELM 入侵检测算法运用改进的粒子群优化 *K*-Means 算法对入侵检测数据进行聚类处理，以此增加相同数据类型的聚合度。然后使用 10 折交叉验证(10 折 CV)，将训练数据划分成 10 份，轮流将其中 9 份作训练数据 1 份作验证数据训练训练 KELM 模型，使用训练好的 KELM 模型对测试数据进行测试，输出分类器检测率的平均值。如果检测效果达不到预期，则再次对模型进行循环训练并测试，直至满足预期。实验结果表明，该优化算法具有良好的可行性。

### 7.4.3 极限学习在故障识别中的应用

故障诊断系统是保证设备安全且稳定运行的最后一道防范措施，其自身的运行稳定性至关重要。而智能故障模式分类作为故障诊断系统中设备诊断和维修的主要依据，其出现的故障误判及漏报可能会导致设备的维护不及时或过剩维修从而造成严重的生产安全事故。随着现代工业的不断发展，生产规模的日渐扩大，发生工业故障的后果随之变得更加严重。同时，现场总线技术、集散控制系统等的广泛应用使得工业过程的大量数据得以保存，因此，基于数据驱动的故障识别与过程建模受到广泛关注并有着大量成功的应用。

极限学习机作为一种单隐藏层前馈神经网络算法，相对于传统神经网络的训练方法，其训练速度特别快。大量的数值实验结果表明，该算法具有良好的泛化性能，已被应用于变压器故障诊断、模拟电路故障诊断以及污水处理过程操作工况识别等许多不同领域。同时，李彬等人将 ELM 算法与智能算法相结合，用于优化解决识别故障时稳定性差以及分类准确率低等问题，例如李彬等人采用径向基函数(radial basis function，RBF)作为 ELM 的激活函数，采用差分进化(differential evolution，DE)与粒子群(particle swam optimization，PSO)算法优化 ELM 网络中隐藏层神经元的 RBF 中心与宽度，使得 RBF-ELM 算法具有更好的鲁棒性与泛化能力。李栋等人运用果蝇优化算法(fruit fly optimization algorithm，FOA)优化 ELM 神经网络算法中的输入层权值与隐藏层阈值，提升了算法的准确度与稳定性。

目前在故障诊断领域类似 ELM 的快速学习算法以及类似 Deep Learning 的无须先验知识的特征学习方法的研究工作包括严文武等人采用独立成分分析(ICA)的方式提取故障特征，并利用 ELM 算法对工业过程中故障进行分类，通过与概率神经网络和 SVM 等算法的对比实验表明 ICA－ELM 方法有具有更高的分类准确度以及更快的训练速率。秦波等人先对信号进行 EMD 分解，然后提取与原信号相关性较大的 IMF 分量的能量作为特征向量输入 BP、SVM、PSO-SVM 与 GA-SVM 和 ELM 等分类器中，通过对比实验表明了 ELM 算法在准确性和实时性上都超过上述传统的机器学习算法。庞荣等人将经过离散傅里叶变换后的转向架故障信号输入降噪自动编码器中进行特征提取，再把提取到的特征输入 BP 神经网络中进行故障识别，对转向架关键部件非全拆故障识别准确率可以达到 100％。

## 7.5 小　　结

本章对极限学习相关算法和应用进行了详细的介绍。详细地讲解了极限学习的基本算法和经典的改进算法，并对热点领域的应用进行了详细的介绍，极限学习机只需要对网络的隐藏层结点个数进行设置，因此单隐藏层前馈神经网络 SLFNs 被认为是一种易于掌握使用的学习算法，该算法执行的时候，不需要对网络的输入权值和隐元偏置进行调整，就可以产生唯一一个最优的解，因此该算法具有快速学习，泛化能力比较好的优点。在过去几年中，国内外的很多学者深入的对极限学习机进行了广泛的研究，并在很多领域中得到了广泛的应用实践。比如，在图形图像中的应用，利用 ELM 对图形进行分类，从低分辨率到高分辨率之间的转化，该算法都取得了很好的效果；ELM 也应用在生物科学领域中，对蛋白质交互作用进行预测；在日常和安全方面，ELM 被用于故障识别和入侵检测。

此外，ELM 的源代码其原作者黄广斌的个人主页上可以开放下载。同时，基于 Python 开发的 ELM 算法库 HP-ELM 模块是，包含了 GPU 加速和内存优化设计，适用于处理大数据问题。但是，尽管相比传统神经网络（如 BP 算法）和 SVM 算法，ELM 算法表现出运算速度快，泛化能力强和不易过拟合的优点，但是 ELM 算法只能通过紧凑法来获取最优神经元的个数。

# 第 8 章　TensorFlow 机器学习平台

自第一台计算机出现以来，人类希望通过机器代替人，充分利用计算机所具有的巨大存储空间和超高运算速度，帮助人类完成一些难题。同时，计算机也适合完成一些重复性机械式的工作。例如要统计一本书中不同单词出现的次数，通过二维码来存储一个图书馆中所有的藏书，要计算非常复杂的数学公式等，通过计算机来完成此类工作，只需要编写一段程序便可由机器来完成，节省人力还能提高准确率。然而，一些人类通过直觉可以很快解决的问题，目前却很难通过计算机解决。人工智能领域需要解决的问题就是让计算机能像人类一样，甚至超越人类完成类似图像识别、语音识别等问题。

TensorFlow 是 Google 公司开源的深度学习系统，应用于很多领域，如语音识别、自然语言理解、计算机视觉等技术领域。TensorFlow 是一种通用的深度学习框架，能够应用在工业界，在机器学习系统里也起到至关重要的作用。在一个完整的工业界语音识别系统里，除了深度学习算法外，还有很多工作是专业领域相关的算法，以及海量数据收集和工程系统架构的搭建。

TensorFlow 是一个采用数据流图(data flow graph)，用于数值计算的开源软件库。结点(node)在图中表示数学操作，图中的线(edge)则表示在结点间相互联系的多维数据数组，即张量(tensor)。TensorFlow 灵活的架构让用户可以在多种平台上展开计算，例如计算机中包含的一个或多个 CPU(或者 GPU)、服务器、移动设备终端等。TensorFlow 最初由 Google 大脑小组(此小组隶属于 Google 机器智能研究机构)的研究员和工程师们开发出来，主要用于机器学习和深度神经网络方面的研究，但这个系统的通用性使其也可广泛用于其他计算领域。

那么什么是数据流图?

数据流图用结点和线的有向图来描述数学计算，如图 8-1 所示。结点 一般用来表示施加的数学操作，但也可以表示数据输入(feed in)的起点或输出(push out)的终点，或者是读写持久变量(persistent variable)的终点。线表示结点之间的输入输出关系。这些数据线可以运输“size 可动态调整”的多维数据数组，即张量(tensor)。张量从图中流过的图像呈现得很直观很形象，因此将这个软件工具形象地取名为 TensorFlow。一旦输入端的所有张量准备好，结点将被分配到各种计算设备完成异步并行地执行运算。数据流图样例如图 8-1 所示。

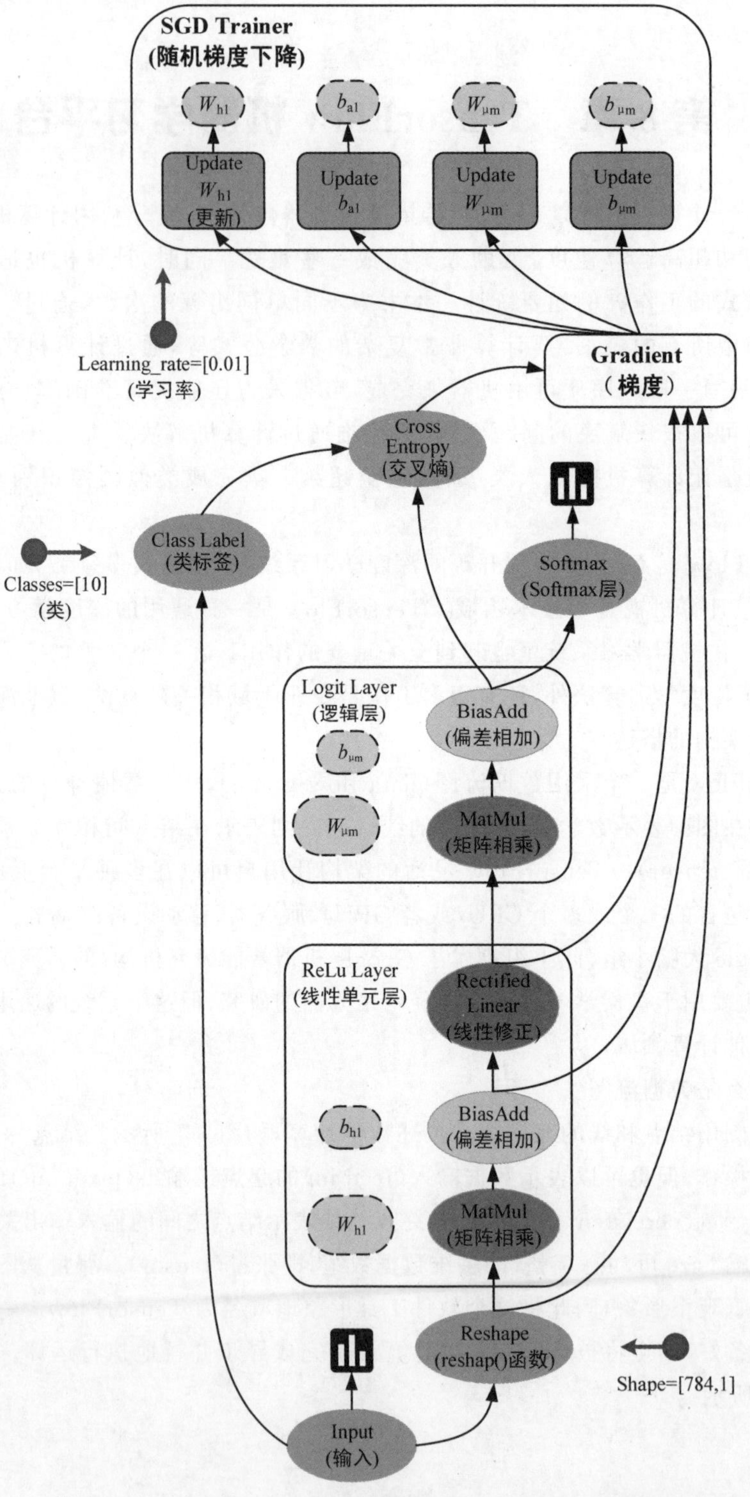


图 8-1　基于 TensorFlow 构建的三层(单隐藏层)神经网络

## 8.1 TensorFlow 起源

说到 TensorFlow,就不得不提到 DistBelief。从 2010 年开始,Google Brain 建立 DistBelief 作为他们的第一代专有的机器学习系统。五十多个团队在 Google 和其他 Alphabet 公司在商业产品部署了 DistBelief 的深度学习神经网络,包括 Google 搜索、Google 语音搜索、广告、Google 相册、Google 地图、Google 街景、Google 翻译和 YouTube。Google 指派计算机科学家,如 Geoffrey Hinton 和 Jeff Dean,简化和重构 DistBelief 的代码库,使其变成一个更快、更健壮的应用级别代码库,形成了 TensorFlow。2009 年,Hinton 领导的研究小组大大减少使用 DistBelief 的神经网络的错误数量,通过 Hinton 在广义反向传播的科学突破。最值得注意的是,Hinton 的突破直接使 Google 语音识别软件中的错误减少至少 25%。

## 8.2 TensorFlow 简介

2015 年 11 月,在 DistBelief 的基础上,谷歌大脑完成了对"第二代机器学习系统" TensorFlow 的开发并对代码开源。相比于前作,TensorFlow 在性能上有显著改进、构架灵活性和可移植性也得到增强。TensorFlow 是 Google Brain 的第二代机器学习系统。1.0.0 版本发布于 2017 年 2 月 11 日。虽然参考实现运行在单台设备,TensorFlow 可以运行在多个 CPU、GPU(和可选的 CUDA 扩展和图形处理器通用计算的 SYCL 扩展。TensorFlow 可用于 64 位 Linux、Mac OS 和 Windows,以及移动计算平台,包括 Android 和 iOS。

TensorFlow 的计算使用有状态的数据流图表示。TensorFlow 的名字来源于这类神经网络对多维数组执行的操作。这些多维数组被称为张量。2016 年 6 月,Jeff Dean 称在 GitHub 有 1500 个库提到了 TensorFlow,其中只有 5 个来自 Google。

TensorFlow 从字面意义上来讲有两层含义,一个是 Tensor,它代表的是结点之间传递的数据,通常这个数据是一个多维度矩阵(multidimensional data arrays)或者一维向量;第二层意思 Flow,指的是数据流,形象理解就是数据按照流的形式进入数据运算图的各个结点。

TensorFlow 是一个非常灵活的框架,它能够运行在个人计算机或者服务器的单个或多个 CPU 和 GPU 上,甚至是移动设备上。TensorFlow 最早是由"Google 大脑团队"为了研究机器学习和深度神经网络而开发的,但后来发现这个系统具有足够的通用性,能够支持更加广泛的应用。

至于为什么谷歌要开源这个框架,它是这样回应的:

"If TensorFlow is so great, why open source it rather than keep it proprietary? The answer is simpler than you might think: We believe that machine learning is a key ingredient to the innovative products and technologies of the future. Research in this area is global and growing fast, but lacks standard tools. By sharing what we believe to be one of the best machine learning toolboxes in the world, we hope to create an open standard for exchanging research ideas and putting machine learning in products. Google engineers really do use TensorFlow in user-facing products and services, and our research group intends to share TensorFlow implementations along side many of our research publications."

译文是,如果 TensorFlow 这么好,为何不藏起来而是要开源呢? 答案或许比你想象的简单: 我们认为机器学习是未来新产品和新技术的一个关键部分。在这一个领域的研究是全球性的,并且发展很快,却缺少一个标准化的工具。通过分享这个我们认为是世界上最好的机器学习工具库之一的东西,我们希望能够创造一个开放的标准,来促进交流研究想法和将机器学习算法产品化。Google 的工程师们确实在用它来提供用户直接在用的产品和服务,而 Google 的研究团队也将在他们的许多科研文章中分享他们对 TensorFlow 的使用。

## 8.3 TensorFlow 的特征

TensorFlow 的功能如此强大,那它具备哪些值得青睐的特征呢?

**1. 高度的灵活性**

TensorFlow 不是一个严格的"神经网络"库。只要可以将计算表示为一个数据流图,就可以使用 TensorFlow 来构建图,描写驱动计算的内部循环。它提供了有用的工具来协助组装"子图"(常用于神经网络),当然也可以自己在 TensorFlow 基础上写"上层库"。定义顺手好用的新复合操作和写一个 Python 函数一样容易,而且也不用担心性能损耗。当然万一发现找不到想要的底层数据操作,也可以自己写一点 C++ 代码来丰富底层的操作。

**2. 真正的可移植性**

TensorFlow 在 CPU 和 GPU 上运行,比如说可以运行在台式机、服务器、手机移动设备等。想要在没有特殊硬件的前提下,在笔记本计算机上跑一下机器学习的新想法? TensorFlow 可以办到这点。准备将训练模型在多个 CPU 上规模化运算,又不想修改代码? TensorFlow 可以办到这点。想要将训练好的模型作为产品的一部分用到手机 App 中? TensorFlow 可以办到这点。若改变主意了,例如想要将模型作为云端服务运行在自己的服务器上或者运行在 Docker 容器里,TensorFlow 也能办到。

**3. 将科研和产品联系在一起**

过去如果要将科研中的机器学习想法用到产品中,需要大量的代码重写工作。那样的日子一去不复返了。在 Google,科学家用 TensorFlow 尝试新的算法,产品团队则用 TensorFlow 来训练和使用计算模型,并直接提供给在线用户。使用 TensorFlow 可以让应用型研究者将想法迅速运用到产品中,也可以让学术性研究者更直接地彼此分享代码,从而提高科研产出率。

**4. 自动求微分**

基于梯度的机器学习算法会受益于 TensorFlow 自动求微分的能力。作为 TensorFlow

用户，你只需要定义预测模型的结构，将这个结构和目标函数（objective function）结合在一起，并添加数据，TensorFlow 将自动为你计算相关的微分导数。计算某个变量相对于其他变量的导数仅仅是通过扩展你的图来完成的，所以你能一直清楚看到究竟在发生什么。

**5. 多语言支持**

TensorFlow 有一个合理的 C++ 使用界面，也有一个易用的 Python 使用界面来构建和执行你的 graphs。你可以直接写 Python/C++ 程序，也可以用交互式的 iPython 界面来用 TensorFlow 尝试些想法，它可以帮你将笔记、代码、可视化等有条理地归置好。

**6. 性能最优化**

例如，若有一个 32 个 CPU 内核、4 个 GPU 显卡的工作站，想要将工作站的计算潜能全发挥出来？由于 TensorFlow 给予了线程、队列、异步操作等以最佳的支持，TensorFlow 让你可以将手边硬件的计算潜能全部发挥出来。可以自由地将 TensorFlow 图中的计算元素分配到不同设备上，TensorFlow 可以管理好这些不同副本。

## 8.4 TensorFlow 使用对象、环境及兼容性

任何人都可以用 TensorFlow。学生、研究员、爱好者、极客、工程师、开发者、发明家、创业者等都可以在 Apache 2.0 开源协议下使用 TensorFlow。

与此同时，TensorFlow 支持多种客户端语言下的安装和运行。截至版本 1.12.0，绑定完成并支持版本兼容运行的语言为 C 和 Python，其他（试验性）绑定完成的语言为 JavaScript、C++、Java、Go 和 Swift，依然处于开发阶段的包括 C#、Haskell、Julia、Ruby、Rust 和 Scala。

TensorFlow 支持在 Linux 和 Windows 系统下使用统一计算架构（compute unified device architecture，CUDA）高于 3.5 的 NVIDIA GPU。配置 GPU 时要求系统有 NVIDIA GPU 驱动 384.x 及以上版本、CUDA Toolkit 和 CUPTI（CUDA Profiling Tools Interface）9.0 版本、cuDNN SDK 7.2 以上版本。可选配置包括 NCCL 2.2 用于多 GPU 支持、TensorRT 4.0 用于 TensorFlow 模型优化。

TensorFlow 的公共 API 版本号使用语义化版本 2.0 标准，包括主版本号.次版本号.修订号，其中，主版本号的更改不是向下兼容的，已保存的 TensorFlow 工作可能需迁移到新的版本；次版本号的更改包含向下兼容的性能提升；修订号的更改是向下兼容的问题修正。

TensorFlow 支持版本兼容的部分包括协议缓冲区文件、所有的 C 接口、Python 接口中的 tensorflow 模块以及除 tf.contrib 和其他私有函数外的所有子模块、Python 函数和类。更新不支持版本兼容的部分为包含“试验性”（experimental）字段的组件、使用除 C 和 Python 外其他语言开发的 TensorFlow API、以 GraphDef 形式保存的工作、浮点数值特定位的计算精度、随机数、错误和错误消息。其中 GraphDef 拥有与 TensorFlow 相独立的版本号，当 TensorFlow 的更新放弃对某一 GraphDef 版本的支持后，可能有相关工具帮助用户将 GraphDef 转化为受支持的版本。需要指出的是，尽管 GraphDef 的版本

机制与 TensorFlow 相独立，但对 GraphDef 的更改仍受限于语义版本控制，即只能在 TensorFlow 主版本号之间移除或更改功能。此外，修订版本之间实施 GraphDef 的向前兼容。

## 8.5 TensorFlow 的其他模块

**1. 数据流图（tf.Graph）和会话（tf.Session）**

TensorFlow 在数据流编程下运行，具体地，使用数据流图（tf.Graph）表示计算指令间的依赖关系，随后依据图创建会话（tf.Session）并运行图的各个部分。tf.Graph 包含了图结构与图集合两类相关信息，其中图结构包含图的结点（tf.Operation）和边缘（张量）对象，表示各个操作组合在一起的方式。tf.Session 拥有物理资源，通常与 Python 的 with 代码块中使用。在不使用 with 代码块的情况下创建 tf.Session，应在完成会话时明确调用 tf.Session.close 结束进程。调用 Session.run 创建的中间张量会在调用结束时或结束之前释放。tf.Session.run 是运行结点对象和评估张量的主要方式，tf.Session.run 需要指定 fetch 并提供供给数据（feed）字典，用户也可以指定其他选项以监督会话的运行。

**2. 加速器：CPU 和 GPU 设备**

TensorFlow 支持 CPU 和 GPU 运行，在程序中设备使用字符串进行表示。CPU 表示为"/cpu：0"；第一个 GPU 表示为"/device：GPU：0"；第二个 GPU 表示为"/device：GPU：1"，以此类推。如果 TensorFlow 指令中兼有 CPU 和 GPU 实现，当该指令分配到设备时，GPU 设备有优先权。TensorFlow 仅使用计算能力高于 3.5 的 GPU 设备。

**3. TPU 设备**

张量处理器（tensor processing unit，TPU）是谷歌为 TensorFlow 定制的专用芯片。TPU 部署于谷歌的云计算平台，并作为机器学习产品开放研究和商业使用。TensorFlow 的神经网络 API Estimator 拥有支持 TPU 下可运行的版本 TPUEstimator。TPUEstimator 可以在本地进行学习/调试，并上传谷歌云计算平台进行计算。

使用云计算 TPU 设备需要快速向 TPU 供给数据，为此可使用 tf.data.Dataset API 从谷歌云存储分区中构建输入管道。小数据集可使用 tf.data.Dataset.cache 完全加载到内存中，大数据可转化为 TFRecord 格式并使用 tf.data.TFRecordDataset 进行读取。

**4. 模型优化工具**

TensorFlow 提供了模型优化工具（model optimization toolkit）对模型的尺度、响应时间和计算开销进行优化。模型优化工具可以减少模型参数的使用量（pruning）、对模型精度进行量化（quantization）和改进模型的拓扑结构，适用于将模型部署到终端设备，或在有硬件局限时运行模型，因此有很多优化方案是 TensorFlow Lite 项目的一部分。其中量化能够在最小化精度损失的情况下显著减小模型尺度和缩短响应时间，并是优化深度学习模型的重要手段。这里提供一个使用模型优化工具的例子，如图 8-2 所示。

**5. 可视化工具**

TensorFlow 拥有自带的可视化工具 TensorBoard，TensorBoard 具有展示数据流图、绘制分析图、显示附加数据等功能。开源安装的 TensorFlow 会自行配置 TensorBoard。

```python
import tensorflow as tf
converter = tf.contrib.lite.TocoConverter.from_saved_model(path) # 从路径导入模型
converter.post_training_quantize = True # 开启学习后量化
tflite_quantized_model = converter.convert() # 输出量化后的模型
open("quantized_model.tflite", "wb").write(tflite_quantized_model) # 写入新文件
```

图 8-2　模型优化实例

启动 TensorBoard 前需要建立模型档案，低阶 API 使用 tf.summary 构建档案，Keras 包含 callback 方法、Estimator 会自行建立档案，如图 8-3 所示。

```python
# 为低层API构建档案
my_graph = tf.Graph()
with my_graph.as_default():
    # 构建数据流图
with tf.Session(graph=my_graph) as sess:
    # 会话操作
    file_writer = tf.summary.FileWriter('/user_log_path', sess.graph) # 输出文件
# 为Keras模型构建档案
import tensorflow.keras as keras
tensorboard = keras.callbacks.TensorBoard(log_dir='./logs')
# … （略去）用户自定义模型 ...
model.fit(callbacks=[tensorboard]) # 调用fit时加载callback
```

图 8-3　建立模型档案

档案建立完毕后在终端可依据档案路径运行 TensorBoard 主程序，如图 8-4 所示。

```
tensorboard --logdir=/user_log_path
```

图 8-4　运行 TensorBoard 主程序

当终端显示 TensorBoard 1.12.0 at http://your_pc_name：6006 (Press CTRL＋C to quit)时，跳转至 localhost：6006 可使用 TensorFlow 界面。

**6. 调试程序**

由于通用调试程序，例如 Python 的 pdb 很难对 TensorFlow 代码进行调试，因此 TensorFlow 团队开发了专用的调试模块 TFDBG，该模块可以在学习和预测时查看会话中数据流图的内部结构和状态。TFDBG 在运行时期间会拦截指令生成的错误，并向用户显示错误信息和调试说明。TFDBG 使用文本交互系统 curses，在不支持 curses 的 Windows 操作系统，可以下载非官方的 Windows curses 软件包或使用 readline 作为代替。使用 TFDBG 调试会话时，可以直接将会话进行封装，具体例子如图 8-5 所示。

封装容器与会话具有相同界面，因此调试时无须修改代码。封装容器在会话开始时调出命令行界面(command line interface，CLI)，CLI 包含超过 60 条指令，用户可以在使用指令控制会话、检查数据流图、打印及保存张量。

TFDBG 可以调试神经网络 API Estimator 和 Keras，对 Estimator，TFDBG 创建调

```
from tensorflow.python import debug as tf_debug
with tf.Session() as sess:
    sess = tf_debug.LocalCLIDebugWrapperSession(sess)
    print(sess.run(c))
```

图 8-5　调试程序举例

试挂钩(LocalCLIDebugHook)作为 Estimator 中的 fit 和 evaluate 方法下 monitor 的参数。对 Keras,TFDBG 提供 Keras 后端会话的封装对象。调试例子如图 8-6 所示。

```
# 调试Estimator
Import tensorflow as tf
from tensorflow.python import debug as tf_debug
hooks = [tf_debug.LocalCLIDebugHook()] # 创建调试挂钩
# classifier = tf.estimator. … 调用Estimator模型
classifier.fit(x, y, steps, monitors=hooks) # 调试fit
classifier.evaluate(x, y, hooks=hooks) # 调试evaluate
# 调试Keras
from keras import backend as keras_backend
# 在程序开始时打开后端会话封装
keras_backend.set_session(tf_debug.LocalCLIDebugWrapperSession(tf.Session()))
# 构建Keras模型
model.fit(...)  # 使用模型学习时进入调试界面 (CLI)
```

图 8-6　调试工程中的举例

TFDBG 支持远程和离线会话调试,可应用于在没有终端访问权限的远程机器(例如云计算)运行 TensorFlow 的场合。除 CLI 外,TFDBG 在 TensorBoard 拥有图形界面的调试程序插件,该插件提供了计算图检查、张量实时可视化、张量连续性和条件性断点以及将张量关联到图源代码等功能。

**7. 部署**

TensorFlow 支持在一个或多个系统下使用多个设备并部署分布式服务器(distributed server)和服务器集群(cluster)。tf.train.Server.create_local_server 可在本地构建简单的分布式服务器。例子如图 8-7 所示。

```
import tensorflow as tf
c = tf.constant("Hello, distributed TensorFlow!")
# 建立服务器
server = tf.train.Server.create_local_server()
# 在服务器运行会话
with tf.Session(server.target) as sess
    sess.run(c)
```

图 8-7　部署分布式服务器

TensorFlow 服务器集群是分布运行的数据流图中的任务(task)集合,每个任务都会被分配至一个 TensorFlow 服务,其中包含一个主干(master)以启动会话和一个工作点(worker)执行图的操作。服务器集群可以被分割为工作(job),每个工作包含一个或多个任务。

部署服务器集群时，通常每个任务分配一台机器，但也可在一台机器的不同设备运行多个任务。每个任务都包含 tf.train.ClusterSpec 方法以描述该服务器集群的全部任务（每个任务的 ClusterSpec 是相同的）和 tf.train.Server 方法按工作名提取本地任务。tf.train.ClusterSpec 要求输入一个包含所有工作名和地址的字典；而 tf.train.Server 对象包含一系列本地设备、与 tf.train.ClusterSpec 中其他任务的链接和一个使用链接进行分布式计算的会话。每个任务都是一个特定工作名的成员，并有一个任务编号（task index）。任务可以通过编号与其他任务相联系。部署两个任务于两台服务器的例子如图 8-8 所示。

```
# 假设有局域网内服务器localhost:2222和localhost:2223
# 在第一台机器建立任务
cluster = tf.train.ClusterSpec({"local": ["localhost:2222", "localhost:2223"]})
server = tf.train.Server(cluster, job_name="local", task_index=0)
# 在第二台机器建立任务
cluster = tf.train.ClusterSpec({"local": ["localhost:2222", "localhost:2223"]})
server = tf.train.Server(cluster, job_name="local", task_index=1)
```

图 8-8　部署服务器集群

分布式 TensorFlow 支持亚马逊简易存储服务（Amazon Simple Storage Service，S3）和开源的 Hadoop 分布式文件系统（Hadoop Distributed File System，HDFS）。

## 8.6　安　全　性

TensorFlow 的模型文件是代码，在执行数据流图计算时可能的操作包括读写文件、从网络发送和接收数据、生成子进程，这些过程对系统会造成影响。在运行由未知第三方提供的 TensorFlow 模型、计算流图（GraphDef 和 SavedModel）和检查点文件时，一个推荐的做法是使用沙盒（sand box）以监测其行为。安全的 TensorFlow 模型在引入未知输入数据时，也可能触发 TensorFlow 内部或系统的错误。

TensorFlow 的分布式计算平台和服务器接口（tf.train.Server）不包含授权协议和信息加密选项，任何具有网络权限的访问者都可以运行 tf.train.Server 上的任何代码，因此 TensorFlow 不适用于不信任的网络。在局域网或云计算平台部署 TensorFlow 计算集群时，需要为其配备独立网络（isolated networks）。

TensorFlow 作为一个使用大量第三方库（NumPy、libjpeg-turbo 等）的复杂系统，容易出现漏洞。用户可以使用电子邮件向 TensorFlow 团队报告漏洞和可疑行为，对于高度敏感的漏洞，其 GitHub 页面提供了邮件的 SSH 密钥。

# 第 9 章　神经网络的应用

神经网络经过多年的发展后，因其强大的信息处理能力，而得到广泛应用，其主要的应用领域如下。

(1) 图像处理。对图像进行去噪、增强、复原、分割、特征提取等。

(2) 信号处理。对各种信号进行滤波、变换、检测、谱分析、估计、压缩、识别的处理。

(3) 模式识别。对人脸、指纹、手写符号、牌照、声音、物体及各种其他信号的识别。

(4) 机器人控制。对组成机器人的各种硬件进行控制。

(5) 卫生保健、医疗。对各种医疗检测信号(如心跳)的分类、特征提取及判别。

(6) 焊接领域。对焊接参数的选取、焊接质量的检验及焊接质量的预测与实时控制。

(7) 经济数据预测。对日常消费品、大宗商品等价格进行预测，对企业的可信度等进行短期预测。

除了以上应用外，神经网络在交通、军事、农业和气象等其他领域也有较出色的应用。

## 9.1　基于神经网络的图像处理

### 1. 基于卷积神经网络的图像修复

(1) 图像修复问题描述。图像修复是指对图像和视频中丢失、损坏的地方进行重建。例如在文物保护工作中，专家对破损文物进行修复。数码世界中，图像修复又称图像插值或视频插值，指利用复杂的算法来替换已丢失、损坏的图像数据，主要替换一些小区域和瑕疵。

图像处理的基本过程可以表示为输入图像经过处理后得到用户希望的图像，其处理过程如图 9-1 所示。其中，输入 $U_0$ 是需要处理的输入图像，$T$ 为线性或非线性的图像处理器，如去噪、放大缩小等，$U$ 为处理后得到的新图像。

图像修复是根据图像中已有的信息，修复图像中缺失的信息，从而获得完整的图像。设 $I_0$ 表示完整的矩形图像，$\Omega$ 为受损或者丢失区域，$\Phi$ 为图像已知即未受损区域，$\partial\Omega$ 为缺失区域边界，如图 9-2 所示。

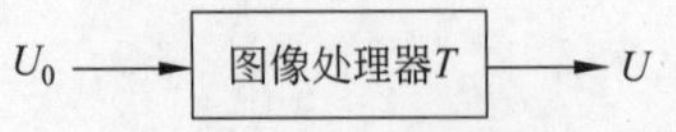


图 9-1　图像处理基本模型

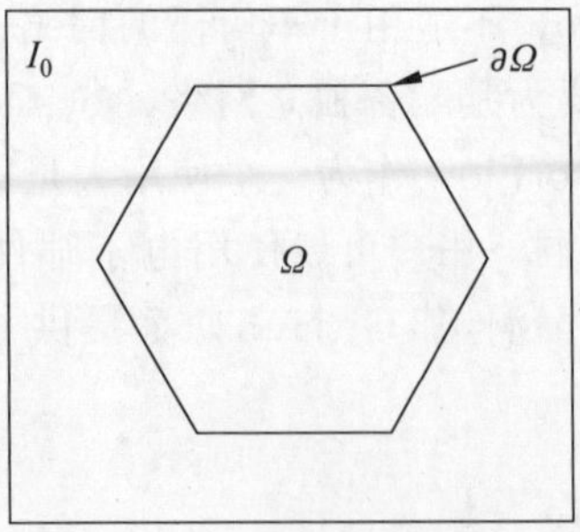


图 9-2　图像修复问题

图像修复通常可以分为以下两个主要步骤：

第 1 步，确定待修复区域 $\Omega$，这可通过人工或计算机决定；

第 2 步，利用 $\Phi$(即 $I_0-\Omega$)内的已知图像信息，通过各类修复算法来修复未知区域 $\Omega$，从而获得一幅看似完美的图像。

(2) 图像修复特点。图像修复是一个病态问题。因为没有充分足够的信息来保证修复后图像的唯一性，任何数据的细小变动都会导致问题解的不确定性。一副图像中可能包含非常多的纹理、结构信息，而这些信息毫无规律可言，因而很难找到某种通用的算法同时兼顾其纹理、结构。当从不同的角度考虑问题时，不同的算法其实现的效果可能不同。同时，图像修复后是否合理是从人的视觉效果来评判的，需遵从人的视觉和心理，因此图像修复是将图像与视觉信息等有机结合来获得最优输出图像的过程。

在需要修复的图像中，当缺失的部分是一大块区域时，那么将会对这一大块的区域的信息是未知的，这是只能通过人的视觉判断，再加上专家已有经验知识，来猜测缺失部分的信息，这就是视觉研究中的所谓“最佳猜测”。由最佳猜测的基本原理可知，这时的图像修复问题可以表示为贝叶斯最大后验概率求解问题。根据贝叶斯定理，这时修复后的图像与原始图像的相似度应为最大。根据贝叶斯公式，有

$$P(I \mid I_0,\Omega)=\frac{P(I_0 \mid I,\Omega)P(I \mid \Omega)}{P(I_0 \mid \Omega)} \tag{9-1}$$

其中，$I$ 是修复后的结果；$I_0$ 为待处理图像；$\Omega$ 为图像中的缺失区域；$P(I|I_0,\Omega)$的值越大，则修复后的图像与原图像相似度越大。

(3) 图像修复原则。通过上面对图像修复问题的了解，在图像修复过程中，没有现成的信息来指导需要修复的地方应该填什么东西。修复者的主观意识对图像修复影响很大，不同的修复者、不同的修复角度，都会造成修复图像的不同，所以目前没有通用的修复算法，能保证修复后的图像一致。2000 年，Bertalmio 等人在一次学术会议上提出了图像修复的 4 条指导性基本原则。

① 图像的整体决定了如何修复缺失部分，修复的目的就是为了保证图像整体的一致性。

② 待修复区域周围的结构信息通过信息传播延伸到待修复区域内部，这样就能修复断裂物体的边界曲线。

③ 在待修复区域内部，对于不同的位置，其颜色和结构应该与相应周围的颜色信息相匹配。

④ 同时还必须考虑细小的图像信息，需要将纹理考虑进去。

对于上述 4 条原则，第①条基本上无法实现，这是因为图像修复本身就是一个病态性问题，一是没有充足的已知信息来确保预测出来的未知信息的唯一性，二是因为人的视觉判断及经验知识的不一致性，也无法保证对修复后的图像的合理性的判断的唯一性。此外，对于根据偏微分方程(PDE)的信息扩散原理，在使用 PDE 进行图像修复时，很难满足原则④。2001 年，BERTALMIO 等首次提出了基于 PDE 的图像修复模型 BSCB，该模型通过不断对②、③原则进行迭代，达到收敛时即实现图像的修复。

2002 年，Chen 等人针对非纹理图像首次通过局部修复来实现图像的修复过程。局

部修复无须使用图像的全局特征或模式识别，而只须考虑待修复的局部区域周边信息，同时结合人的视觉对图像修复的影响，提出了以下 3 条原则。

① 修复模型应该是局部的。只考虑修复区域的局部信息，不考虑修复区域的全局信息，因而待修复区域的内容完全由其局部信息来决定。

② 修复模型应能修复图像受损的狭窄的、光滑的边缘。边缘提取对物体识别和图像分割具有重要作用，因此在图像修复过程中必须考虑对图像边缘的修复。但是对大的边缘损失，是无法修复的。

③ 修复模型必须具有较强的抗噪能力。把噪声从受损的数据中剔除，并将干净的特征扩充到待修复的部分中，这对人的视觉来说，是很容易的事。

通过上述 3 个原则可知，世界上不存在通用的模型可以完美解决图像修复这种病态问题。

(4) 卷积神经网络。卷积神经网络(convolutional neural network，CNN)是一种包含卷积计算且具有深度结构的前馈神经网络，是深度学习(deep learning)的代表算法之一，其结构特点非常适合大型图像的处理。

CNN 主要由特征提取层和特征映射层这两种基本结构构成，其中特征提取层的每个神经元的输入与前一层的局部接受域相连，并提取该局部的特征；而在特征映射层中网络的每个计算层由多个特征映射组成，每个特征映射是一个平面，平面上所有神经元的权值相等。

CNN 一直以来作为图像识别领域的核心算法之一，当有足够多的学习数据时，其图像识别效果非常不错。在大规模图像分类应用中，不但可以使用 CNN 来构建阶层分类器，而且还可以在精细分类识别中用于提取图像的判别特征以供其他分类器进行学习。

(5) 基于 CNN 的图像修复。基于 CNN 的图像修复的主要思路都是结合 CNN 的编码-解码(Encoder-Decoder)网络结构(见图 9-3)和生成对抗网络(generative adversarial networks，GAN)实现图像的修复(见图 9-4)。其中，编码-解码阶段用来学习图像特征并生成图像缺失部分对应的预测图；GAN 阶段用来推断预测图是来自训练集还是预测集，当生成的预测图与标定好的真实图像在内容上达到一致且其判别器无法判断预测图是否来自训练集或预测集时，网络模型参数则达到最优状态。图 9-5 为基于 CNN 的图像修复效果图。

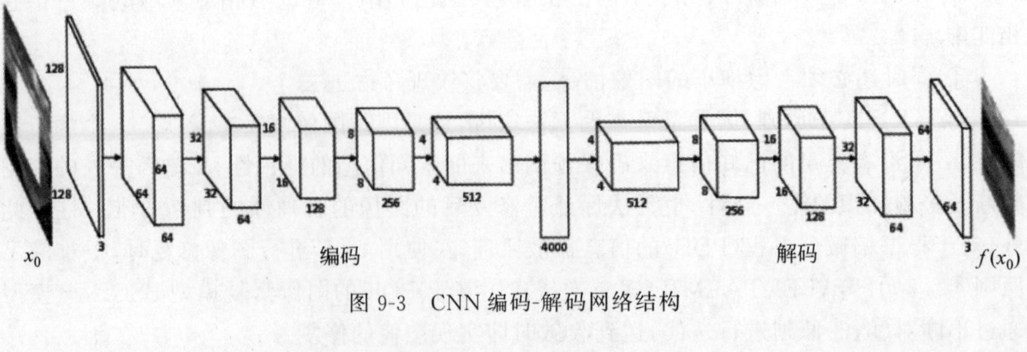


图 9-3　CNN 编码-解码网络结构

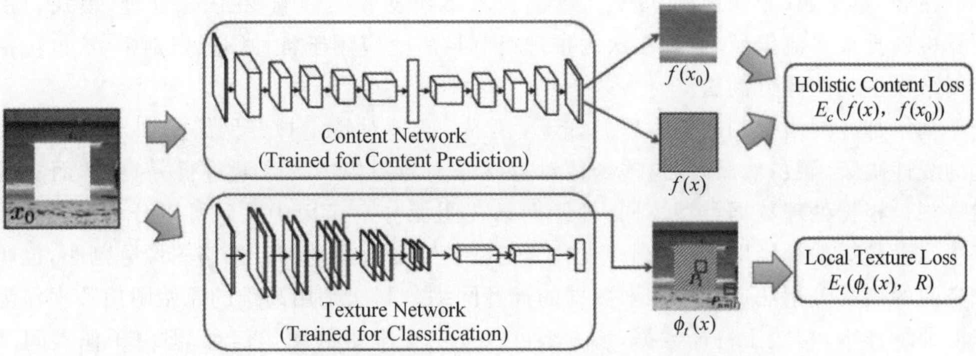


图 9-4 基于 CNN 的图像修复框架

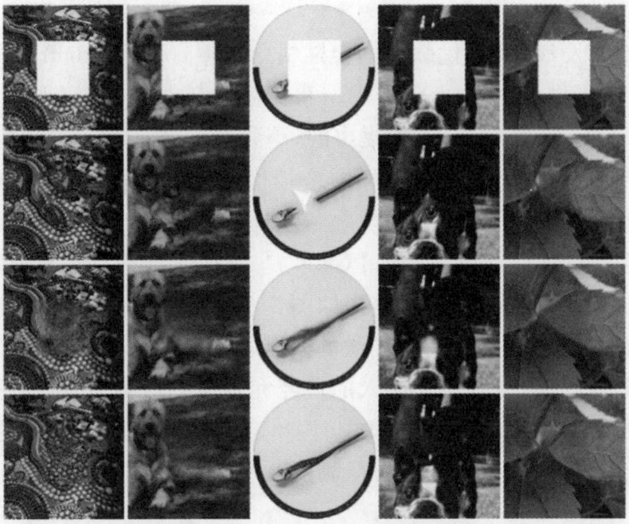

图 9-5 基于 CNN 的图像修复效果

**2. 基于 PCNN 的图像分割**

图像分割(segmentation)是指将一副完整的数字图像划分为多个子图像区域(像素的集合,也称作超像素)的过程,即把图像划分成多个特定的、具有独特性质的、包含有感兴趣目标的子区域的技术和过程,是由图像处理到图像分析的关键步骤,其最终目的是简化或改变图像的表示形式,使图像更容易理解和分析。

图像分割的结果是将完整图像划分成多个子区域的集合或是从图像中通过如边缘检测等方法提取到的所有轮廓线的集合。在划分出来的图像子区域内,每个像素在某种特性的度量下或是由计算得出的特性(如颜色、亮度、纹理)都是相似的,而在邻接区域在某种特性的度量下却有很大的不同。

传统图像分割方法主要有:阈值法、区域生长法、区域分裂合并法、分水岭法、边缘分割(边缘检测)法、直方图法、聚类分析法、小波变换法等。但传统图像分割法一般是根据图像单一的属性标准来实现图像的分割,因此往往不能满足整幅图像的分割要求。

在 20 世纪 80 年代后期，受人工智能技术不断发展的影响，在图像处理、模式识别及计算机视觉等主流领域，更高层次的推理机制被广泛应用于各种图像识别中，这也包括神经网络模型的图像分割法。

基于神经网络分割的基本思想如下：首先，通过对特定神经网络的训练得到解决问题的线性决策函数；然后，用这些函数对需要分割的图像中的像素进行分类，从而实现图像分割。根据处理数据类型不同，神经网络在图像分割应用中大致可以分为两类：一是基于像素数据的神经网络图像分割法；二是基于特征数据的神经网络图像分割法，也叫特征空间的聚类分割法。基于像素数据的神经网络分割法是用高维的原始图像数据作为网络的训练样本，相较于特征数据，该方法可以提供更丰富的图像信息，但由于像素间是独立处理的，其拓扑结构不确定且数据量大，计算速度特慢，从而不适合实时应用场景。目前基于像素进行图像分割的神经网络方法主要有 Hopfield、细胞、概率自适应等神经网络方法。

随着技术的不断发展，第三代脉冲耦合网络（pulse coupled neural networks，PCNN）的研究，为图像分割提供了新的处理模式。和传统人工神经网络，作为新型神经网络的 PCNN，是 Eckhorn 于 20 世纪 90 年代提出的，一种基于猫的视觉原理构建的简化神经网络模型，与 BP 神经网络和 Kohonen 神经网络相比，PCNN 不需要学习或者训练，能从复杂背景下提取有效信息，具有同步脉冲发放和全局耦合等特性，其信号形式和处理机制更符合人类视觉神经系统的生理学基础。PCNN 是一个综合的动态非线性系统，其主要由接收域、调制和脉冲产生部分组成，其结构如图 9-6 所示。该模型是对传统的人工神经元的发展。PCNN 通过强制刺激和诱发刺激的同步，可以减小输入数据在时间上小的间隔和幅度上小的差异，从而使得有相似输入的神经元可以同时被激发（又称点火）。因此，当将一幅需要分割的原始图像输入 PCNN 中，网络就会基于空间与亮度的相似性将图像像素进行分类，然后基于这些分类便可以得到分割的图像。基于 PCNN 的图像分割效果如图 9-7 所示。

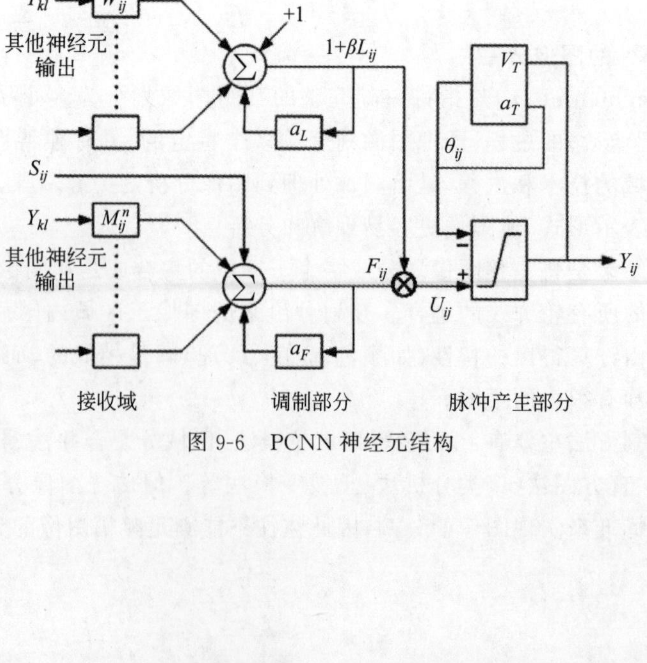


图 9-6　PCNN 神经元结构

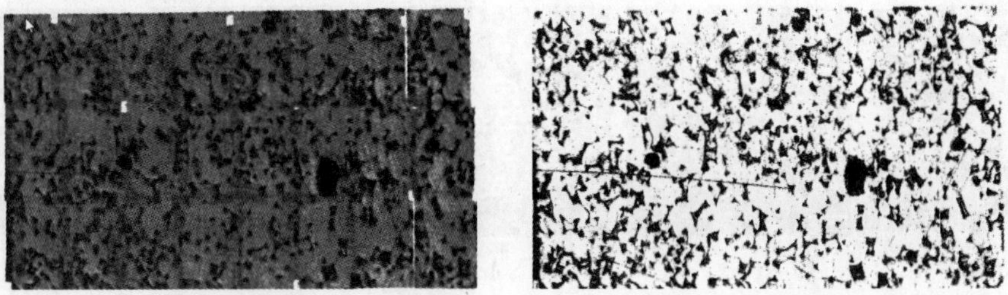

(a) 原始图片　　　　(b) 分割后的图片

图 9-7　基于 PCNN 的图像分割效果

**3. 基于神经网络的边缘检测**

在图像处理中,图像的边缘是指其周围像素灰度的阶跃变化或屋顶状变化的那些像素的集合,它存在于目标与背景、目标与目标、区域与区域、基元与基元之间,因此是图像分割所依赖的重要的特征,也是纹理特征的重要信息源和形状特征的基础。在图像处理过程中,通过边缘或区域这类基本特征的推导,可以得到图像处理所需的其他特征,边缘特征具有方向性和幅度行。沿边缘的像素,其像素值变化较平缓;而垂直于边缘方向的像素,其值变化较剧烈,这种变化可能呈现出阶跃状、斜坡状或屋顶状。屋顶状边缘处的像素灰度值由小到大再到小。或者是由大到小再到大。而阶跃状和斜坡状边缘两侧的灰度值是由大变小或者由小变大。边缘上像素值的一阶导数较大,二阶导数为 0,呈现零交叉。

边缘虽然作为图像的最基本特征被广泛使用,但到目前为止,在学术上对边缘的定义还没有统一,这是因为图像内容复杂,很难用纯数学方法对边缘进行描述且人类虽然有感知目标边界的高层视觉机理,但目前对这些机理的认识还很肤浅。边缘是图像中两个不同子区域的分界线,借助于不同计算机算法对图像的边缘进行处理、识别的过程称为边缘检测。

传统的边缘检测是利用一些经典的传统算子(例如 Roberts 算子、Sobel 算子、Prewitt 算子)进行图像的边缘检测,其主要思想是在水平和垂直两个方向上作梯度运算,但是通过该方法检测出的边缘有可能是不完全连通的,也就是检测出的边缘不连续且封闭,有的地方是断开的。

BP 神经网络作为一种基本的神经网络,也可以用于图像的边缘检测,其检测原理为,首先将需检测的图像划分成小块并将这些小块图像作为取值空间,对原图像与目标图像进行扫描实现对检测模型进行训练,形成 BP 边缘检测模型。在模型的训练过程中,可以将人们关于边缘特征的先验知识包含在内,这是采用神经网络进行边缘检测优于传统算法的主要原因。基于 BP 神经网络的边缘检测过程如下。

(1) 利用不同的边缘检测算子得到边缘检测图像(见图 9-8),用检测出来边缘图像经过比例加权,得到学习训练图像;也就是说,对于图像的每一个像素,利用不同的边缘检测算子进行计算,然后将得到的该像素的灰度值按照预定的比例进行计算,得到新的像素灰度值。计算完原始图像的所有像素值之后,便会获得新的图像,然后把新得到的图像的灰度值作为 BP 神经网络模型的输入,对其进行训练。

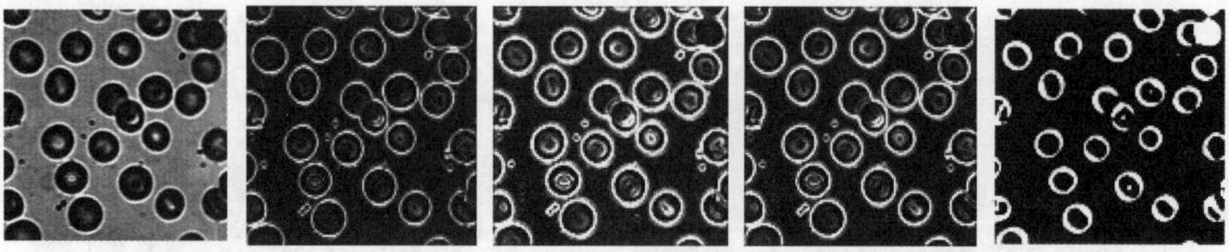

(a) 原始图像　(b) Rober图像　(c) Sobel图像　(d) Prewittl图像　(e) BP图像

图 9-8　图像边缘检测效果

（2）确定神经网络的层次结构，并根据训练图像的邻域模板的大小确定输入层的结点数。所选训练图像的模板的大小必须适中，如果过大，则会导致网络的计算量增大，实时性变差，同时也可能导致边缘信息的丢失；如果过小，就无法对像素的领域进行充分的学习。

同样，对中间层结点数量的选择也非常重要。选取的结点数过少，则网络不能建立复杂的判决界，从而会造成网络的分类能力差，也可能无法训练出满意的网络模型；相反，如果选取的结点数过多，则判决界只包封了训练点而失去了概括推断的能力，从而会造成计算量增大，增加网络的负荷，增长网络训练时间，降低整个系统的效率，最终达不到好的训练效果。

（3）从左至右、从上至下依次以每个像素周围的模板像素的灰度值组成的 $n \times 1$ 维向量作为网络的输入，已该像素对应的经过传统边缘检测得到的新图像的对应灰度值作为输出，对整个网络进行有监督的学习。

（4）最后，利用训练好的网络对图像进行边缘检测，通过调整网络的学习率和动量系数，得到最佳检测效果图，如图 9-8 所示。

**4. 基于神经网络的图像压缩**

数字图像压缩是一种通过有损或无损方式，使用较少的字节数来表示原始图像的一种图像处理技术，其主要是通过减少图像像素间的时间、空间、频谱冗余等信息来实现的，最终达到更高的存储与数据传输效率。图像压缩的基本过程包括编码、量化、解码这 3 个部分。

编解码问题从理论上讲，可以归结为映射与优化的问题。站在神经网络的角度上看，无非就是从输入到输出的非线性映射问题。此外，衡量编解码性能的标准还包括并行处理能力是否高效，容错率是否合适，以及是否具有鲁棒性。基于神经网络的图像压缩过程如图 9-9 所示。

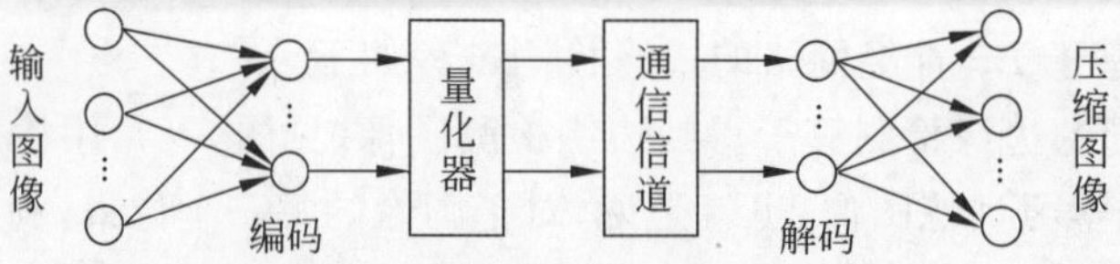


图 9-9　基于神经网络的图像压缩过程

在 BP 网络中，输入层到隐藏层之间的映射关系相当于编码器，用于对于图像信号进行线性或者非线性的变换，而隐藏层到输出层之间的映射关系相当于解码器，用于对压缩后的信号数据进行反变换来达到重建图像数据。图像压缩比率 $S$ = 输入层神经元个数/隐藏层神经元结点数。从理论上说，BP 网络输入与输出层的神经元结点数是相同的，而隐藏层的结点数比输入输出层的结点数要少很多。

## 9.2 基于神经网络的信号处理

在实际的工业控制和信号处理中，从传感器得到的信号总是伴有噪声，这非常不利于信号的识别。在一般的信号处理方法中，噪声的消除往往通过时域中的自相关分析法和频域中的各种滤波方法来完成。但自相关分析仅对识别淹没在噪声中的周期信号和瞬时信号较为有效。因此，直接采样得到的时域信号往往得不到很好的利用，尤其实时性要求较高的系统，仅是为了判断他们到底属于哪一种模式，采用传统的分析方法就显得力不从心。

目前多采用 Hopfield 网络和双向联想网络用于除噪。这两种网络都是利用它们的联想记忆能力来实现除噪和模式识别的，但这两种网络在实现联想记忆时多采用离散网络。离散型的 Hopfield 网络不仅收敛速度慢而且常常得不到精确解。离散型的双向联想网络需要编码和满足正交性条件，同时，这种网络在作信号识别时为了提高分辨率，需要划分大量的网络，这就要求计算机的内存空间足够大，但在实际的应用环境中，考虑到成本、部署空间、散热等多方面的因素，计算机内存的配置不可能足够大，这就限制了这些方法在实时控制系统中的应用。BP 网络的除噪过程如下。

(1) 选择信号中几种典型的模式作为目标输出。

(2) 确定提供 BP 网络学习的样本集。

(3) 按 BP 网络的学习算法对样本集进行学习，以得到满足精度要求的各层的连接权值和阈值。

(4) 将待识别的带有噪声的信号输入 BP 的输入层，并计算出其输出值。

(5) 为了提高计算精度，将得到的网络输出作为 BP 的输入再次进行处理，以得到新的输出，直到本次输出结果与上次输出结果的差小于某一给定值为止。

## 9.3 基于神经网络的模式识别

### 1. 手写识别

手写识别是指将在手写设备上书写时产生的有序轨迹信息化转化为文字的过程，是手写轨迹的坐标序列到字符的映射过程，是人机交互最自然、最方便的手段之一。

手写识别属于文字识别和模式识别的应用范畴。从识别过程来说，文字识别又分为脱机识别和联机识别。基于不同的识别的对象，使得这两种识别技术采用的方法和策略也不完全一样。联机识别对象是一系列的按时间先后排列的采样点信息，而脱机识别则是丢失了书写笔顺信息的二维像素信息，由于没有笔顺信息，加之在不同光照、分辨率、书写纸张等条件下进行拍照或扫描，以及最终的数字化过程中，都会带来一定的噪声干扰，因此脱机手写文字识别比联机手写文字识别更加困难。

字符识别的过程可以划分成很多个步骤,如图 9-10 所示。

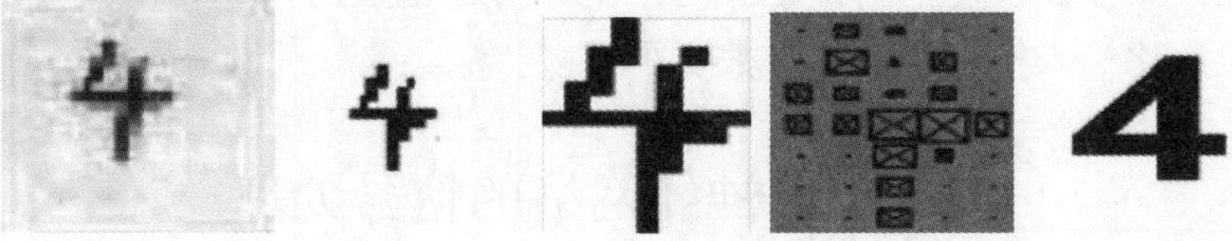

图 9-10　手写识别效果

(1) 通过图像采集工具来获取初始据。

(2) 将采集到的原始数据输入系统,对其进行预处理(包括二值化、去噪、倾斜校正等过程)。

(3) 对预处理的结果进行特征的选择与提取,进入字符和别阶段。

(4) 对系统识别的结果进行修正,也就是后处理过程。

**2. 汽车牌照识别**

汽车牌照识别是使用图像处理、模式识别及神经网络等技术,从复杂背景中准确提取牌照文字轮廓并识别的过程。汽车牌照识别是交通管理的重要手段之一,是计算机图像处理、模式识别等技术在智能交通领域的典型应用。

由于神经网络具有良好的自学习和自适应能力,同时有很强的分类能力、容错能力和鲁棒性,可以在有干扰的情况下对字符实现准确的分类并识别,能够有效解决车牌字符识别过程中的速度和准确率等问题,故被广泛地用于汽车牌照识别,其识别过程如下。

(1) 车牌图像采集。通过安装在公路、关卡、出入通道或收费站等位置的摄像机对各类汽车悬挂车牌的部位进行抓拍,并传输到车牌识别计算机上。

(2) 车牌图像预处理。由于抓拍汽车牌时的光照、角度及地况,车牌污损,汽车行驶速度过快、牌照颜色不一等多方面的原因,导致车牌字符畸变,从而造成车牌识别上的困难,因此需要对抓拍的图片进行预处理,以便得到较为清晰的待识别车牌原始字符。常见的车牌识别预处理技术有灰度变换、边缘检测、腐蚀、填充、形态滤波处理等。

(3) 车牌定位。为了识别车牌,必须先在抓拍的图片中找到车牌的位置,而找寻车牌位置的过程叫车牌定位,其原理是利用车牌区域的特征来判断车牌位置,然后将车牌从抓拍的图像中分割出来。在车牌识别过程中,车牌的定位至关重要,车牌能否准确定位将直接决定后期能否进行车牌识别以及识别的准确度。

车牌定位方法涉及的具体方法有边缘检测、区域生长、构造灰度模型、二值图像的数学形态学运算、灰度图像的数学形态学运算、自适应边界搜索、DFT 变换、模糊聚类等方法。

(4) 车牌字符分割。车牌字符分割的目的是通过图像处理技术,将车牌上的单个字符所在的区域分割出来,形成一个个独立的字符图像。字符分割的好坏直接影响最终的字符识别率。如果字符分割后出现断裂、粘连现象,则很难识别出分割后的字符。垂直投影法是一种常用的车牌字符分割法,该方法的基本原理是,先将车牌图像二值化,也即转换为黑白图像，然后进行水平、竖直倾斜校正，并去除部分噪声，最后将二值化图像像素灰度值按垂直方向累加，得到图像的垂直投影，最后选取字符投影后的局部最小值作为分割点，这是因为字符块的垂直投影会在字符间或内的间隙处取得局部最小值。

(5) 车牌识别。车牌定位和字符分割是车牌上字符识别的两个预处理过程，车牌图像通过预处理，得到分割的字符图像，然后对这些图像进行识别，得到实际的车牌号码字符串数据，这也是车牌识别的根本目的，其基本思想为，先对分割出来的字符进行预处理，并抽取出代表未知字符模式本质的表达形式如各种特征，然后将抽取出的表达形式和预先存储在机器中的标准字符模式表达形式的集合根据一定的判别准则进行逐字匹配，找出最接近输入字符模式的表达形式。如此往复，直到匹配出车牌对应的所有字符，即为对应的车牌。

车牌识别系统关键步骤包括字符特征提取与模式匹配，其中通用的字符特征提取方法如下。

(1) 利用字符的结构特征及其变换进行特征提取，这种方法的优点是对字符的倾斜、变形有较好的鲁棒性，缺点是计算机的运算量大。

(2) 利用字符的统计特征进行特征提取。字符的统计特征主要包括字符的投影、网络及轮廓等特征。根据提取的特征的不同选取对应的字符分类器，因此相应的识别方法便有结构方法和统计方法。分类器的选取正确与否直接影响到最终的识别结果。车牌上的文字原本是印刷体，但是经过多次处理后，笔画粗细、连续性都发生了变化，便不再是原来的印刷体了，因此在分类器的选取上，既要求其具有良好的容错能力，又要求其具有良好的自适应的能力，采用神经网络进行车牌识别，可以有效地兼顾以上两个方面。

基于神经网络的拍照识别过程如图 9-11 所示。

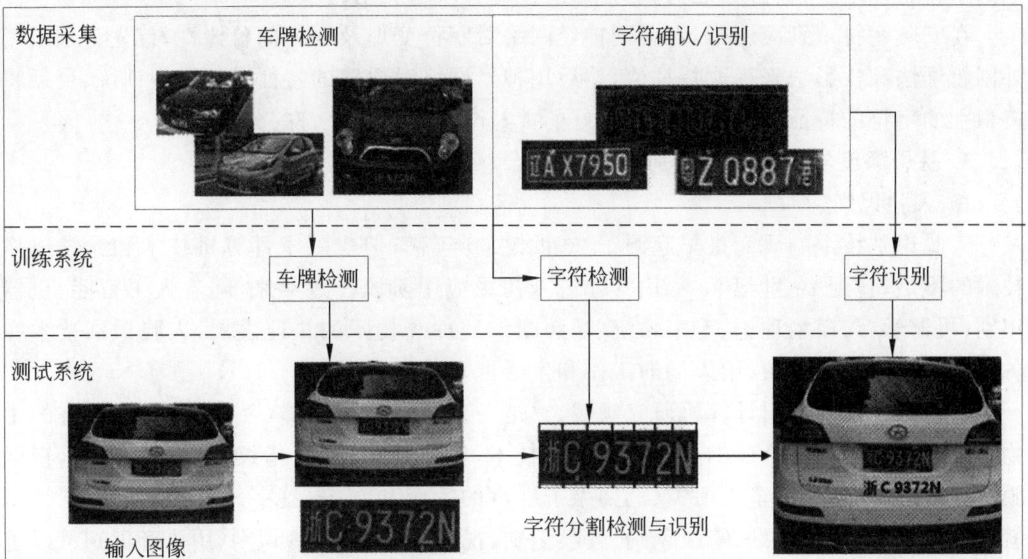


图 9-11 基于神经网络的牌照识别过程

(1) 字符的预处理。经过图像分割后，得到的分割图像既包含所需的字符，也包含其他多种干扰杂质，这些杂质的出现通常是千奇百怪且无法预知的，这为分类器的选取和特征提取造成了很大困扰，因此，对所得图像进行适当的预处理是必要的。

① 分割出来的字符是像素级的灰度图，无法对其进行直接识别，因此需要将字符进行二值化处理，这样才能有效识别。

② 原始图像去噪。首先找出图像中的块数，再将图像的各块与最大块进行比较，所得值小于设定阈值的，即可认为为杂质，将其滤掉，这样图中剩余的区域即为所需区域。

③ 将去噪后的图像顶格，并归一化为指定像素大小的图像，然后将归一化的字符图像输入字符识别模块，接着进行中值滤波，使可能断裂的笔画愈合。

(2) 字符特征的提取。常见的提取特征值的方法有外围轮廓法、投影法、外围轮廓与投影法。

① 外围轮廓法是指通过外围轮廓描述数组来记录字符边框上各点到达框内字符像点的最短距离的方法。采用外围轮廓法识别字符时，首先将待识别字符的描述数组与预先得到的模板的描述数组比较，然后计算两者的欧欧几里得距离值。值越小，则待识别的字符与模板字符越相似；反之，则越不同。

② 投影法是指首先通过对标准化的图像进行水平和垂直方向投影，然后采用相对浓度描述数组，记录字符每行或每列上白色像素点的相对数量，然后计算待识别字符与模版的投影描述数组的欧几里得距离值，从而识别字符。

③ 外围轮廓和投影法是将外围轮廓法和投影法所得到的描述数组组成融合描述数组。外轮廓法提取的是字符的位置特征，投影法提取的是字符的浓度特征，而外围轮廓和投影法则同时提取了字符的位置和浓度特征，因此相对于单纯的外围轮廓法或投影法，提取的字符特征增多，其容错能力相对增强，但计算量也相对增大。

在实际字符识别应用中，考虑到神经网络对字符变形及噪声的鲁棒性，首先分别采用外围轮廓法和投影法来提取特征值，然后用神经网络对提取的特征进行模型训练，最后将待识别的字符的特征值输入已经训练好的神经网络中进行字符的分类识别。

**3. 基于深度学习的人脸识别**

1) 人脸识别

人脸识别技术的研究最早起源于 20 世纪 60 年代，但受限于计算机技术和光学成像技术的不足，直到 20 世纪 90 年代其才进入初级应用阶段。近年来，随着人工智能、机器识别、机器学习、模型理论、专家系统、视频图像处理等技术的快速发展，人脸识别技术在各国出现了爆发式增长，给人们的工作和生活带来了极大便利。

人脸识别作为热门计算机研究领域，它是一种通过对生物体(一般特指人)独有的生物特征来区分生物体个体的生物特征识别技术，其特征包括脸、指纹、手掌纹、虹膜、视网膜、声音(语音)、体形、个人习惯(例如敲击键盘的力度和频率、签字)等，相应的识别技术就有人脸识别、指纹识别、掌纹识别、虹膜识别、视网膜识别、语音识别(用语音识别可以进行身份识别，也可以进行语音内容的识别，只有前者属于生物特征识别技术)、体形识别、键盘敲击识别、签字识别等。

人脸识别的优势在于其具有非接触式(非侵犯式)的特点，不易被测试个体所觉察，因此更加友好、自然，更易被人们接受。同时，因为不易引起人的注意而被欺骗。人脸识别与指纹或者虹膜识别不同之处在于：人脸识别无须利用电子压力传感器采集指纹或利用红外线近距离采集虹膜图像，只须在可见光条件下采集人脸图像。不像指纹或虹膜识别，因为易被人察觉，从而更有可能被伪装欺骗。

人脸识别是一个多步骤的系统工程，其每一步的研究方法都可以迁移到其他问题的研究上，如物体检测，目标特征提取与识别等。因此，人脸识别研究对其他图像研究有积极推动作用。同时，深度学习的出现及兴起，使人脸识别技术得到质的飞跃，深度学习的进展必定促进整个科学研究的发展。

人脸识别作为生物特征识别的一种，具有重要的社会安全意义。相对于手指指纹，人脸具有更强的不可复制性与方便性，因此也更加安全与快捷。目前，随着整个社会的安全意识的增强，视频监控应用的范围越来越大，因而产生了海量的视频和图像数据，这些数据在公安刑侦业务中发挥着越来越大的作用，但如果采用传统的人力方式对这些数据进行分析，不仅费时费力，而且已远远满足不了当今社会发展的需求。人脸识别技术不但可以有效的将安防人员从繁杂而枯燥的长时间观察屏幕的任务中解脱出来，而且大大提高了罪犯鉴别率，更好地保护人民生命财产的安全。

此外，人脸识别还具有巨大的商业应用价值。由于深度学习的复杂性及其进行数据处理时对数据和计算能力的高要求，使得一般单位或企业无法获得大量标记数据或没有足够财力搭建高性能深度学习系统。而这些却正是互联网巨头的强项，因此，目前谷歌、微软、百度、腾讯、Face++ 及 Facebook 等高科技公司都搭建有自己的基于深度学习的人脸识别系统，并对外提供有偿服务，该服务为各个科技公司创造了巨大利益。

人脸识别过程如图 9-12 所示，主要包括人脸检测、人脸关键点检测及对齐、特征向量提取、匹配分类。人脸检测是指从给定图片中找出一个或多个人脸区域；人脸对齐先是对人脸检测过程中定位出的人脸进行人脸关键点检测，然后利用检测到的关键点和仿射变换对人脸图像进行矫正对齐，以减少姿态变化对识别精度的干扰；人脸特征提取是使用特定算法提取出视觉特征、像素统计特征、人脸图像变换系数特征、人脸图像代数特征等人脸图像的特征数据。传统的人脸特征提取算法是使用特定特征算子与人脸图像进行运算得到相应的人脸特征。深度学习的出现，大大简化了人脸特征的提取，使其变成了一种端到端的自动学习方式，人脸特征提取是人脸识别过程中最关键的步骤；人脸匹配分类是先

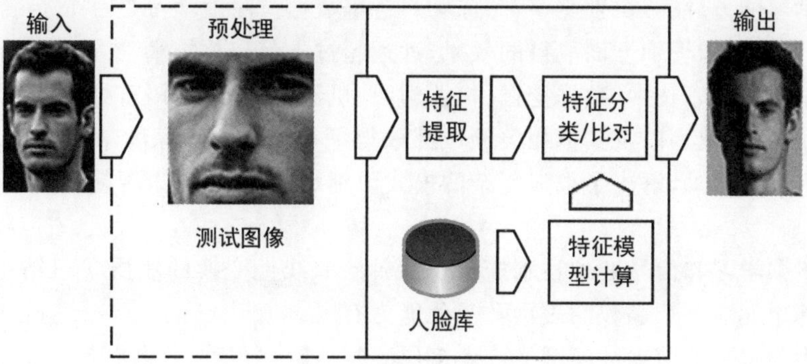


图 9-12　人脸识别过程

对未知人脸采用已经训练好的模型进行特征提取，然后将提取的特征与特征库中的特征进行比对，从而达到人脸识别的目的。

目前，国内外人涌现了大量的人脸识别算法，但这些算法都面临获取人脸时的光照、姿态，人脸检测与识别模型训练数据量及实时性等问题。

光照是影响人脸识别的重要原因。目前，图像处理都是基于像素值进行的，因此即使是同一个人，由于光照变化引起的像素值的差异最终都会使计算结果偏差很大，这极大地影响了人脸识别的性能。

姿态是左右人脸识别的另一个关键点。在实际应用环境中，人脸的采集往往是一种随意行为，无法保证每次采集到正脸。姿态不同，同样也会导致人脸识别的偏差增大，因此找到一种对姿态变化具有很强的鲁棒性的方法也是非常重要的。

数据规模也是影响人脸识别性能的原因之一。在深度学习技术应用到人脸识别领域之前，人脸识别技术在小数据集上性能表现良好，但对于大数据集，其识别率不高。由于深度学习具有较强的泛化能力，因此，基于深度学习的人脸识别在大规模数据集上的表现比传统方法好很多，但深度学习的泛化能力是建立在大规模数据集之上的，其训练集的大小直接影响人脸的识别率。数据集越大，识别率越高，反之亦然。目前世界上有超过 60 亿人，而且每个地区的人面部差异较大，在获取训练数据集时无法包含所有人，这会对最终的泛化能力有很大影响，比如训练数据集中包括的全部是西方人(大部分是这种情况)，训练得到的网络对于东方人的泛化能力就较低，因此即使利用深度学习也无法区分世界上所有人。

此外，计算复杂度高对人脸识别也有影响。随着进行人脸识别的深度神经网络规模及训练数据集的增大，识别的计算复杂度会急速增加。计算复杂度的增加不仅使训练时间增加，算法难以收敛，容易出现过拟合问题，而且也增加了测试阶段所耗时间，这降低了算法的实时性，不利于算法的实际应用。

2）深度学习

深度学习(deep learning，DL)是机器学习(machine learning，ML)领域中一个新的研究方向，它被引入机器学习使其更接近于最初的目标——人工智能(artificial intelligence，AI)。

深度学习是学习样本数据的内在规律和表示层次，这些学习过程中获得的信息对诸如文字，图像和声音等数据的解释有很大的帮助。它的最终目标是让机器能够像人一样具有分析学习能力，能够识别文字、图像和声音等数据。深度学习是一个复杂的机器学习算法，在语音和图像识别方面取得的效果，远远超过先前相关技术。

深度学习在搜索技术、数据挖掘、机器学习、机器翻译、自然语言处理、多媒体学习、语音、推荐和个性化技术以及其他相关领域都取得了很多成果。深度学习使机器模仿视听和思考等人类的活动，解决了很多复杂的模式识别难题，使得人工智能相关技术取得了很大进步。

传统机器学习和信号处理技术探索仅含单层非线性变换的浅层学习结构，其有限的样本和计算单元对复杂函数的表示及泛化能力有限。

带有多隐藏层的前馈神经网络或者多层感知器通常被称为深层神经网络(DNN)，其结构如图 9-13 所示。

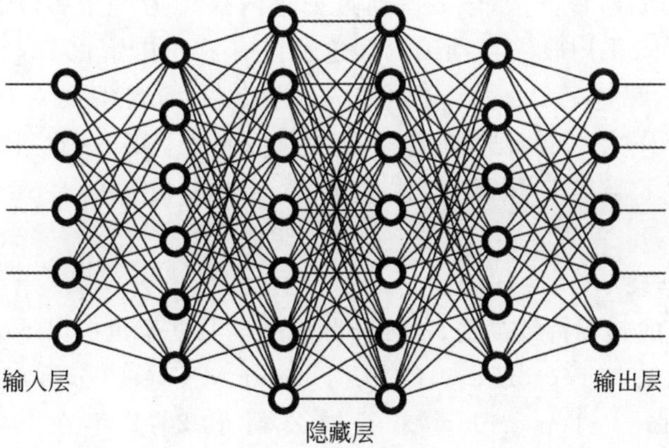


图 9-13 DNN

研究表明，人类视觉系统的信息处理机制是一个高度复杂的、分级信息处理过程。人类感知系统的层次结构极大地降低了视觉系统处理的数据量，并保留了物体有用的结构信息。同理，对于要提取具有潜在复杂结构规则的自然图像、视频、语音和音乐等结构丰富数据，深度学习系统类似人类视觉系统，同样也能够获取其本质特征。

使用带有大量神经元的 DNN 可以大大提高建模能力。由于使用带有大量神经元的 DNN，使其得到较差局部最优值的可能性要小于使用少量神经元的网络，这样即使参数学习陷入局部最优，DNN 仍然可以很好地执行。但是，随着网络的深度和广度的增大，模型训练所需的计算量也会越来越大。

更好的算法也有助于 DNN 的训练，如使用随机 BP 算法替代批处理 BP 算法用来训练 DNN 可以有效提高网络的训练效率。部分原因是，当训练是在单学习器和大训练集上进行时，随机梯度下降(SGD)算法是最有效的算法。但更重要的是 SGD 算法可以经常跳出局部最优。

最著名的 DNN 参数初始化技术是神经网络研究领域领军者 Hinton 和他的学生 Ruslan Salakhutdinov 于 2006 年提出的无监督预训练(pre-training)技术，该技术引入了一个被称作深层信念网(DBN，其结构如图 9-14 所示)的深层贝叶斯概率生成模型。为了学习 DBN 中的参数，他们提出了一种非监督贪心逐层训练算法，该算法把 DBN 中的每两层作为一个限制玻耳兹曼机(RBM)，这使得 DBN 参数优化计算的复杂度随着网络的深度增加成线性增长。DBN 参数可以直接用作 MLP 或 DNN 参数，在训练集较小时，可以得到比随机初始化的有监督 BP 训练要好的 MLP 或 DNN。带有无监督 DBN 预训练，随后通过反向微调(fine-tuning)的 DNN 有时候也被称作 DBN。后来，研究人员对 DNN 和 DBN 进一步细分，将使用 DBN 初始化 DNN 训练的网络称为 DBN-DNN。

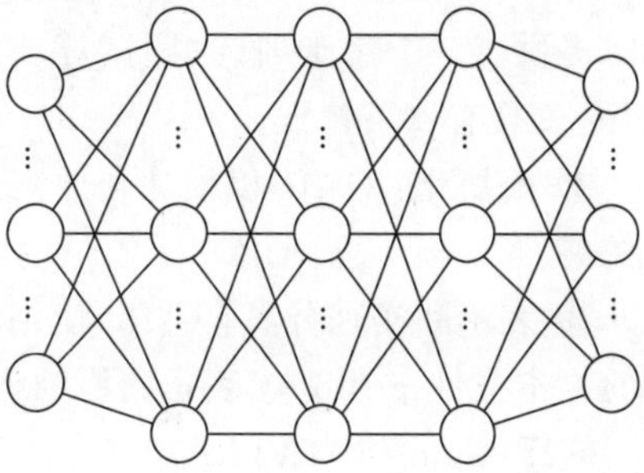

图 9-14 DBN

DNN 有效的初始化方法除了 DBN 外，还有一种效果同样好的无监督方法，该方法通过把每两层作为一个去噪自动编码器来逐层预训练 DNN。此外，采用收缩自动编码器也可以有效的初始化 DNN，因为其可以有效地降低输入变化的敏感度。2007 年，Ranzato 提出了稀疏编码对称机（SESM），它与 RBM 非常类似，都作为一个 DBN 的构造模块。原则上，SESM 也可以用来有效的初始化 DNN 训练。除了半监督预训练外，监督预训练也被证明是有效的 DNN 初始化方法。

3）深度学习框架

深度学习研究的热潮持续高涨，各种开源深度学习框架也层出不穷，其中全世界最为流行的深度学习框架有 TensorFlow、Caffe、Theano、MXNet、Torch 和 PyTorch。

（1）TensorFlow。TensorFlow 是谷歌公司于 2011 年在其神经网络算法库 DistBelief 的基础上研发的第二代人工智能学习系统。DistBelief 可以用来构建不同尺度下的神经网络分布式学习和交互系统，也被称为“第一代机器学习系统”。DistBelief 在谷歌和 Alphabet 旗下其他公司的产品开发中被改进和广泛使用。2015 年 11 月，在 DistBelief 的基础上，谷歌大脑完成了对“第二代机器学习系统”TensorFlow 的开发并对其完全开源，任何人都可以免费用。相较于 DistBelief，TensorFlow 在性能上有显著改进、构架灵活性和可移植性也得到增强，可被用于语音识别或图像识别等多项机器学习和深度学习领域。

TensorFlow 表达了高层次的机器学习计算，大幅简化了第一代系统，并且具备更好的灵活性和可延展性。TensorFlow 一个最大的亮点是支持异构设备分布式计算，它能够在各个平台上自动运行模型，从手机、单个 CPU/GPU 到成百上千 GPU 卡组成的分布式系统。

目前，TensorFlow 支持的算法主要有 CNN、RNN 和 LSTM 等，这些算法都是当前在 Image、Speech 和 NLP（自然语言处理）最流行的深度神经网络模型。

（2）Caffe。Caffe（Convolutional Architecture for Fast Feature Embedding）是由加州大学伯克利的贾扬清博士开发的兼具表达性、速度和思维模块化的深度学习框架。Caffe 是一个清晰而高效的开源深度学习框架，由伯克利视觉中心（Berkeley Vision and Learning Center，BVLC）进行维护。Caffe 支持多种类型的深度学习架构，面向图像分类和图像分割，还支持 CNN、RCNN、LSTM 和全连接神经网络设计。Caffe 支持基于 GPU 和 CPU 的加速计算内核库，如 NVIDIA cuDNN 和 Intel MKL。

与 TensorFlow 一样，Caffe 也是完全开源的，并且在有多个活跃社区沟通解答问题，同时提供了一个用于训练、测试等功能的完整工具包，可以帮助使用者快速上手。此外 Caffe 还具有以下特点。

① 模块化：Caffe 以模块化原则设计，实现了对新的数据格式，网络层和损失函数轻松扩展。

② 表示和实现分离：Caffe 使用谷歌公司的 Protocl Buffer 定义模型文件。使用特殊的文本文件 prototxt 表示网络结构，以有向非循环图形式的网络构建。

③ Python 和 MATLAB 结合：Caffe 提供了 Python 和 MATLAB 接口，供使用者选择熟悉的语言调用部署算法应用。

④ GPU 加速：利用了 MKL、Open BLAS、cuBLAS 等计算库，利用 GPU 实现计算加速。

Caffe 的主要缺点是不够灵活，同时内存占用高。

(3) Theano。Theano 于 2008 年诞生于蒙特利尔理工学院，其派生出了大量的深度学习 Python 软件包，最著名的包括 Blocks 和 Keras。Theano 的核心是一个数学表达式的编译器，它知道如何获取结构，并使之成为一个使用 NumPy、高效本地库的高效代码，如 BLAS 和本地代码(C++)在 CPU 或 GPU 上尽可能快地运行。它是为深度学习中处理大型神经网络算法所需的计算而专门设计，是这类库的首创之一(发展始于 2007 年)，被认为是深度学习研究和开发的行业标准。

但是开发 Theano 的研究人员大多去了 Google 参与 TensorFlow 的开发，所以某种程度来讲 TensorFlow 就像 Theano 的孩子。

(4) MXNet。MXNet 的主要作者是李沐，最早就是几个人抱着纯粹对技术和开发的热情做起来的，如今成了亚马逊公司的官方框架，有着非常好的分布式支持，而且性能特别好，占用显存低，同时其开发的语言接口不仅仅有 Python 和 C++，还有 R、MATLAB、Scala、JavaScript 等，可以说能够满足使用任何语言的人。

但是 MXNet 的缺点也很明显，教程不够完善，使用的人不多导致社区不大，同时每年很少有比赛和论文是基于 MXNet 实现的，这就使得 MXNet 的推广力度和知名度不高。

(5) Torch。Torch 是一个有大量机器学习算法支持的科学计算框架，其诞生已有十年之久，但是真正起势得益于 Facebook 开源了大量 Torch 的深度学习模块和扩展。Torch 的特点在于特别灵活，但是另一个特殊之处是采用了编程语言 Lua，在深度学习大部分以 Python 为编程语言的大环境之下，一个以 Lua 为编程语言的框架有着更多的劣势，这一项小众的语言增加了学习使用 Torch 这个框架的成本。

(6) PyTorch。PyTorch 的前身便是 Torch，其底层和 Torch 框架一样，但是使用 Python 重新写了很多内容，不仅更加灵活，支持动态图，而且提供了 Python 接口。它是由 Torch7 团队开发，是一个以 Python 优先的深度学习框架，不仅能够实现强大的 GPU 加速，同时还支持动态神经网络，这是很多主流深度学习框架比如 TensorFlow 等都不支持的。

PyTorch 既可以看作加入了 GPU 支持的 NumPy，同时也可以看成一个拥有自动求导功能的强大的深度神经网络。除了 Facebook 外，它已经被 Twitter、CMU 和 Salesforce 等机构采用。

4) 基于深度学习的人脸识别过程

在深度学习出现后，人脸识别技术才真正有了可用性。这是因为之前的机器学习技术中，难以从图片中取出合适的特征值。轮廓？颜色？眼睛？如此多的面孔，且随着年纪、光线、拍摄角度、气色、表情、化妆、佩饰等的不同，同一个人的面孔照片在照片像素层面上差别很大，凭借专家们的经验与试错难以取出准确率较高的特征值，自然也没法对这些特征值进一步分类。深度学习的最大优势在于由训练算法自行调整参数权重，构造出一个准确率较高的 $f(x)$ 函数，给定一张照片则可以获取到特征值，进而再归类。总之，相对于传统的基于几何结构和子空间布局特征的人脸识别技术，基于深度学习的人脸识别技术进一步简化了人脸识别的方法，可以详细了解人脸图像的规律，不但能够快速学习，而且所消耗的时间也很短，并具有较高的识别效率，基于深度学习的人脸识别过程如图 9-15 所示。

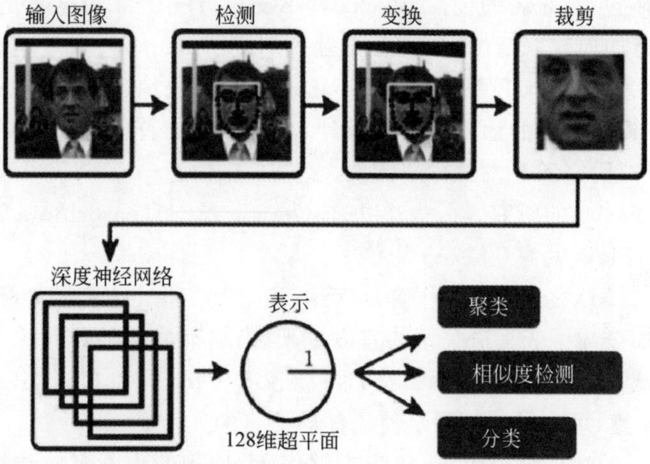


图 9-15　基于深度学习的人脸识别过程

**4. 基于深度学习的增强学习**

1）强化学习

强化学习(reinforcement learning，RL)，又称再励学习、评价学习或增强学习，是机器学习的范式和方法论之一，用于描述和解决智能体(Agent)在与环境的交互过程中通过学习策略以达成回报最大化或实现特定目标的问题。

强化学习是 agent(智能体)以"试错"的方式进行学习，通过与环境进行交互获得的奖赏指导行为，目标是使智能体获得的最大的奖赏，强化学习不同于连接主义学习中的监督学习，主要表现在教师信号上，强化学习中由环境提供的强化信号是对产生动作的好坏作一种评价(通常为标量信号)，而不是告诉强化学习系统(reinforcement learning system，RLS)如何去产生正确的动作。由于外部环境提供的信息很少，RLS 必须靠自身的经历进行学习。通过这种方式，RLS 在行动-评价的环境中获得知识，改进行动方案以适应环境。

强化学习是从动物学习、参数扰动自适应控制等理论发展而来，其基本原理如下：

如果 agent 的某个行为策略导致环境正的奖赏(强化信号)，那么 Agent 以后产生这个行为策略的趋势便会加强。agent 的目标是在每个离散状态发现最优策略以使期望的折扣奖赏和最大。

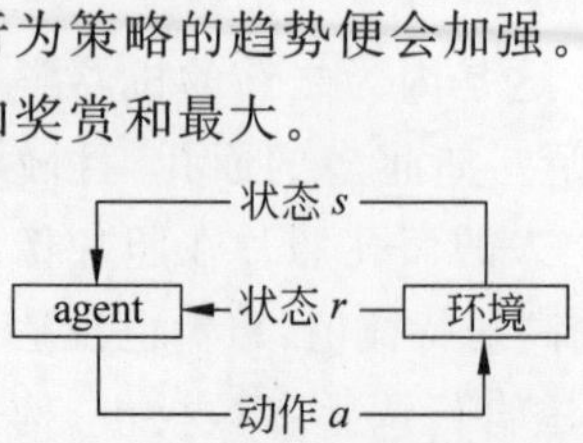


图 9-16　强化学习试探评价过程

强化学习把学习看作试探评价过程(见图 9-16)，agent 选择一个动作用于环境，环境接受该动作后状态发生变化，同时产生一个强化信号(奖或惩)反馈给 agent，agent 根据强化信号和环境当前状态再选择下一个动作，选择的原则是使受到正强化（奖）的概率增大。选择的动作不仅影响立即强化值，而且影响环境下一时刻的状态及最终的强化值。

强化学习不同于连接主义学习中的监督学习，主要表现在教师信号上，强化学习中由环境提供的强化信号是 agent 对所产生动作的好坏作一种评价（通常为标量信号），而不是告诉 agent 如何去产生正确的动作。由于外部环境提供了很少的信息，agent 必须靠自身的经历进行学习。通过这种方式，agent 在行动——评价的环境中获得知识，改进行动方案以适应环境。

强化学习系统学习的目标是动态地调整参数，以达到强化信号最大。若已知 $r/A$ 梯度信息，则可直接可以使用监督学习算法。因为强化信号 $r$ 与 agent 产生的动作 $A$ 没有明确的函数形式描述，所以梯度信息 $r/A$ 无法得到。因此，在强化学习系统中，需要某种随机单元，使用这种随机单元，agent 在可能动作空间中进行搜索并发现正确的动作。

2）深度强化学习

深度强化学习（deep reinforcement learning，DRL）将深度学习的感知能力和强化学习的决策能力相结合，可以直接根据输入的图像进行控制，是一种更接近人类思维方式的人工智能方法。

深度学习具有较强的感知能力，但是缺乏一定的决策能力；而强化学习具有决策能力，对感知问题束手无策。因此，将两者结合起来，优势互补，为复杂系统的感知决策问题提供了解决思路。

（1）基于卷积神经网络的深度强化学习。由于卷积神经网络对图像处理拥有天然的优势，将卷积神经网络与强化学习结合处理图像数据的感知决策任务成了很多学者的研究方向。

深度 Q 网络是深度强化学习领域的开创性工作。它采用时间上相邻的 4 帧游戏画面作为原始图像输入，经过深度卷积神经网络和全连接神经网络，输出状态动作 $Q$ 函数，实现了端到端的学习控制。

深度 Q 网络使用带有参数$\boldsymbol{\theta}$的 $Q$ 函数 $Q(\boldsymbol{s}, \boldsymbol{a}; \boldsymbol{\theta})$ 去逼近值函数。迭代次数为 $i$ 时，损失函数为

$$L_i(\theta_i) = E_{(s,a,r,s')}\{[y_i^{\text{DQN}} - Q(\boldsymbol{s}, \boldsymbol{a}: \theta_i)]^2\}$$

其中

$$y_i^{\text{DQN}} = r + \gamma \max_{a'} Q(\boldsymbol{s}', \boldsymbol{a}': \boldsymbol{\theta}^-)$$

$\theta_i$ 代表学习过程中的网络参数。经过一段时间的学习后，新的$\boldsymbol{\theta}_i$更新$\boldsymbol{\theta}^-$。具体的学习过程根据

$$\nabla_{\theta_i} L_i(\theta_i) = E_{(s,a,r,s')}\{[r + \gamma \max_{a'} Q(\boldsymbol{s}', \boldsymbol{a}': \boldsymbol{\theta}^-) - Q(\boldsymbol{s}, \boldsymbol{a}: \theta_i)] \nabla_{\theta_i} Q(\boldsymbol{s}, \boldsymbol{a}: \theta_i)\}$$

（2）基于递归神经网络的深度强化学习。深度强化学习面临的问题往往具有很强的时间依赖性，而递归神经网络适合处理和时间序列相关的问题。强化学习与递归神经网络的结合也是深度强化学习的主要形式。

对于时间序列信息，深度 Q 网络的处理方法是加入经验回放机制。但是经验回放的记忆能力有限，每个决策点需要获取整个输入画面进行感知记忆。将长短时记忆网络与

深度 Q 网络结合，提出深度递归 Q 网络(deep recurrent Q network，DRQN)，在部分可观测马尔可夫决策过程(partially observable Markov decision process，POMDP)中表现出了更好的鲁棒性，同时在缺失若干帧画面的情况下也能获得很好的实验结果。

受此启发的深度注意力递归 Q 网络(deep attention recurrent Q-network，DARQN)。它能够选择性地重点关注相关信息区域，减少深度神经网络的参数数量和计算开销。

3) 生成式对抗网络

生成式对抗网络(generative adversarial networks，GAN)是一种深度学习模型(见图 9-17)，是近年来复杂分布上无监督学习最具前景的方法之一。模型通过框架中(至少)两个模块：生成模型(generative model)和判别模型(discriminative model)的互相博弈学习产生相当好的输出。原始 GAN 理论中，并不要求 $G$ 和 $D$ 都是神经网络，只需要是能拟合相应生成和判别的函数即可。但实用中一般均使用深度神经网络作为 $G$ 和 $D$。一个优秀的 GAN 应用需要有良好的训练方法，否则可能由于神经网络模型的自由性而导致输出不理想。

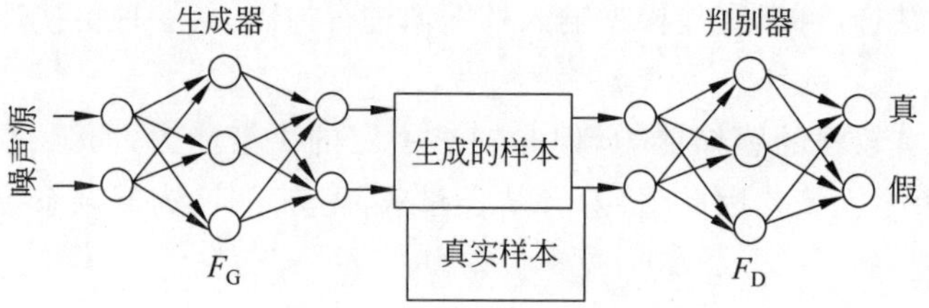


图 9-17 生成式对抗网络

GAN 的基本原理其实非常简单，以生成图片为例：假设我们有两个网络，$G$(generator)和 $D$(discriminator)。正如它的名字所暗示的那样，它们的功能如下：

$G$ 是一个生成图片的网络，它接收一个随机的噪声 $z$，通过这个噪声生成与噪声一样分布的图片，记做 $G(z)$。

$D$ 是一个判别网络，判别一张图片是不是“真实的”。它的输入参数是 $x$，$x$ 代表一张图片，输出 $D(x)$代表 $x$ 为真实图片的概率，如果为 1，就代表 100%是真实的图片，而输出为 0，就代表不可能是真实的图片。

在训练过程中，生成网络 $G$ 的目标就是尽量生成真实的图片去欺骗判别网络 $D$。而 $D$ 的目标就是尽量把 $G$ 生成的图片和真实的图片分别开。这样，$G$ 和 $D$ 构成了一个动态的“博弈过程”。

最后博弈的结果是什么？在最理想的状态下，$G$ 可以生成足以“以假乱真”的图片 $G(z)$。对于 $D$ 来说，它难以判定 $G$ 生成的图片究竟是不是真实的，因此 $D[G(z)] = 0.5$。

这样，目的就达成了：得到了一个生成式的模型 $G$，它可以用来生成图片。

目前 GAN 最常使用的地方如下：

- 图像生成，如超分辨率任务、语义分割等；
- 数据增强。

用 GAN 生成的图像来做数据增强，主要解决的问题是对于小数据集，数据量不足，如果能生成一些就好了。

2016 年，Alec Radford 与 Luke Metz 提出了 DCGAN。DCGAN 的原理和 GAN 是一样的，它只是把上述的 *G* 和 *D* 换成了两个卷积神经网络(CNN)。DCGAN 在 GAN 的基础上对卷积神经网络的结构做了一些改变，以提高样本的质量和收敛的速度，这些改变有：

- 取消所有 pooling 层。*G* 网络中使用转置卷积(transposed convolutional layer)进行上采样，*D* 网络中用加入 stride 的卷积代替 pooling。
- 在 *D* 和 *G* 中均使用 batch normalization。
- 去掉 FC 层，使网络变为全卷积网络。
- *G* 网络中使用 ReLU 作为激活函数，最后一层使用 tanh。
- *D* 网络中使用 LeakyReLU 作为激活函数。

DCGAN 中的 *G* 网络示意如图 9-18 所示。

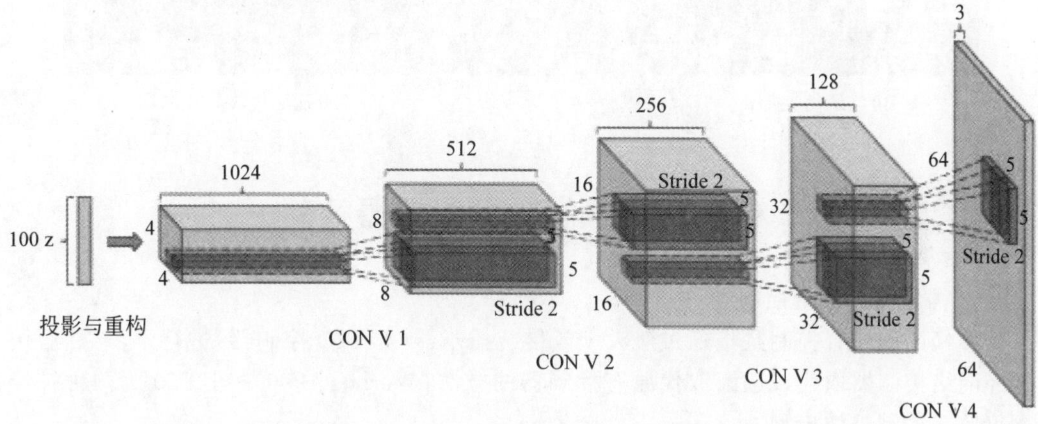


图 9-18　DCGAN 中的 *G* 网络示意图

如图 9-19 为基于 DCGAN 的卡通图片生成过程。

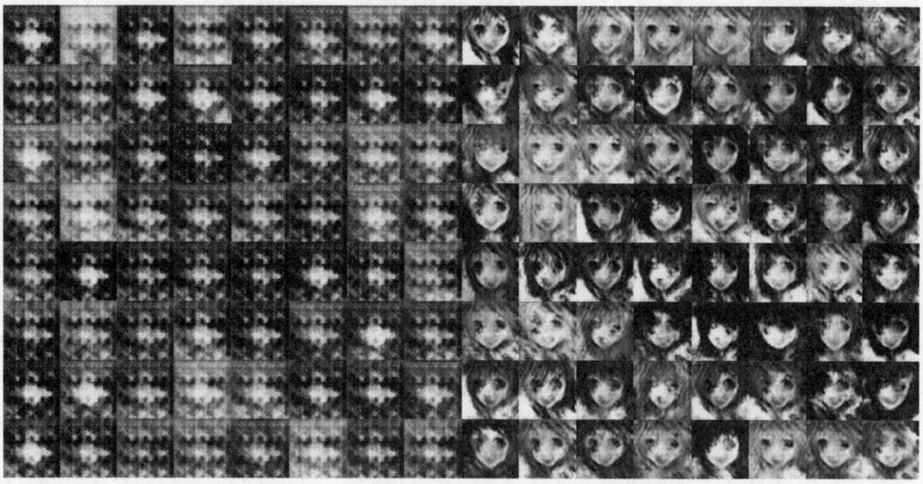


图 9-19　基于 DCGAN 的卡通图片生成过程

10 次迭代效果图　　　　　　　　　　　　　　　　　200 次迭代效果图

图 9-19 （续）

## 9.4 基于神经网络的机器控制

### 1. 神经网络监督控制

神经网络监督控制是指通过对人工或传统控制器（如 PID 控制器）进行学习，然后用神经网络控制器取代或逐渐取代原有控制器的方法（Werbos 1990），图 9-20 为两种神经网络监督控制结构模型。

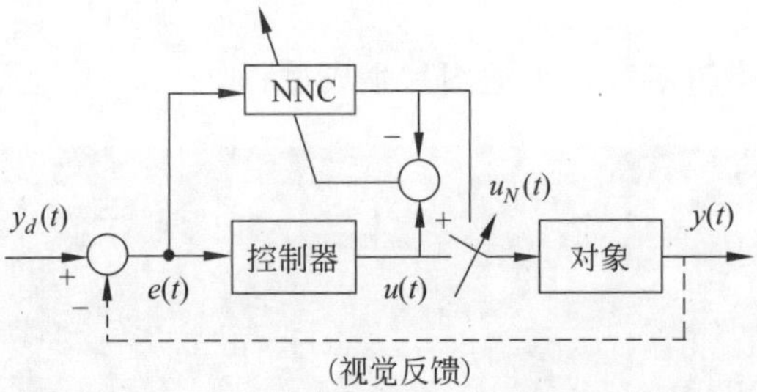


图 9-20 两种神经网络监督控制结构模型

图 9-20 中的神经网络监督控制是建立在人工控制器基础上的正向模型，经过训练后，神经网络 NNC 记忆人工控制器的动态特性，并接受传感信息输入，最后输出与人工控制相似的控制作用。其缺点是，人工控制器是靠视觉反馈进行控制的，这样用神经网络进行控制时，缺乏信息反馈，从而使系统处于开环状态，系统的稳定性和鲁棒性得不到保证。

图 9-21 中的神经网络控制器通过对传统控制器的输出进行学习，在线调整自身参数，直至反馈误差 $e(t)$ 趋近于 0，使自己逐渐在控制中占据主导地位，以最终取代传统控制器。当系统出现干扰时，传统控制器重新起作用，神经网络重新进行学习。这种神经网络监督控制结构由于增加了反馈结构，其稳定性和鲁棒性都可得到保证，且控制精度和自

适应能力也大大提高。

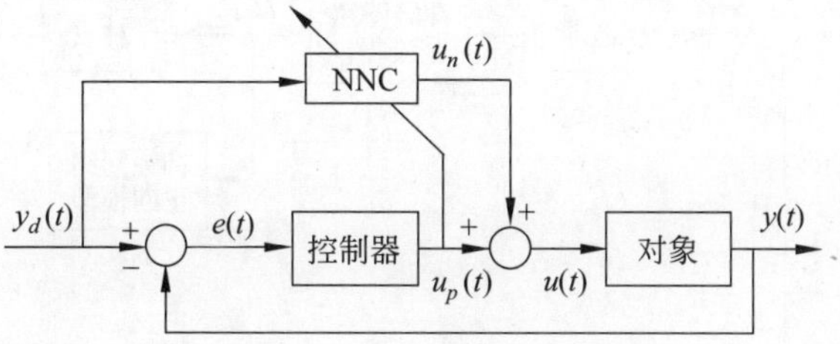


图 9-21　神经网络控制器

**2. 神经网络直接逆控制**

神经网络直接逆控制就是将被控对象的神经网络逆模型直接与被控对象串联连接，使系统期望输出 $y_d(t)$ 与对象实际输出之间的传递函数等于 1，从而再将此网络置于前馈控制器后，使被控对象的输出为期望输出，如图 9-22 所示。图中神经网络 NN1 和 NN2 具有相同的网络结构(逆模型)，采用相同的学习算法。这种方法的可行性直接取决于逆模型辨识的准确程度，逆模型的连接权必须在线修正。神经网络直接逆控制最为成功的应用场合上机器人手臂的跟踪控制，实现机械手的故障诊断及排除、智能机器人导航等。

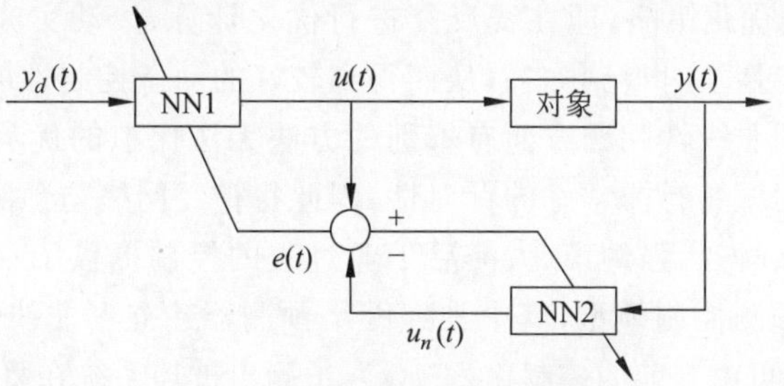


图 9-22　神经网络直接逆控制

**3. 神经网络模型参考控制**

神经网络模型参考控制是神经网络自适应控制中的一种，在这种控制结构中，闭环控制系统的期望性能由一个稳定的参考模型来描述，且定义成 $\{r(t), y_m(t)\}$ 输入-输出对，控制系统的目的就是使被控对象的输出 $y(t)$ 一致渐近地趋近于参考模型的输出，即 $\lim \| y(t) y_m(t) \| < e$，其中，$e$ 为一个给定的小正数。

**4. 神经网络内模控制**

在内模控制中，系统前向模型与被控对象并联连接，二者输出之差作为反馈信号。图 9-23 为神经网络内模控制模型，被控对象的正向模型和控制器(逆模型)均由神经网络实现，滤波器为线性滤波器，以获得期望的鲁棒性和闭合回路的跟踪响应特性。应当注意的是，内模控制的应用仅限于开环稳定的系统。这一技术已广泛地应用于过程控制中，其中，Hunt 和 Sharbam 等人(1990)实现了非线性系统的神经网络内模控制。

**5. 神经网络预测控制**

预测控制也叫模型预测控制(MPC)，是 20 世纪 60 年代初期发展起来并且日趋完善

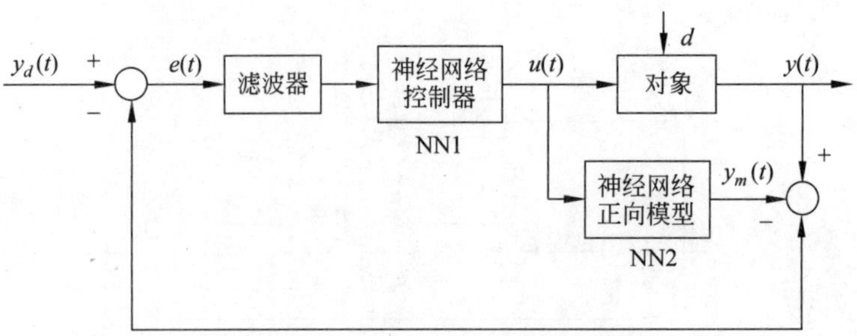


图 9-23　神经网络内模控制

的现代控制理论,其具有最优的性能指标和系统而精确的理论设计方法,在航天航空、制导等领域中获得了卓越的成就,其特性是预测模型、滚动优化和反馈校正。

从预测控制的基本原理来看,其具有以下明显的优点。

(1) 建模方便。过程的描述可以通过简单的实验获得,不需要深入了解过程的内部机理。

(2) 采用了非最小化描述的离散卷积和模型,信息冗余量大,有利于提高系统的鲁棒性。

(3) 采用了滚动优化策略,即在线反复进行优化计算,滚动实施,使模型失配、畸变、扰动等引起的不确定性及时得到弥补,从而得到较好的动态控制性能。

神经网络在处理非线性问题方面有着别的方法无法比拟的优势,而预测控制对于具有约束的卡边操作问题具有非常好的针对性,因此将神经网络与预测控制相结合,发挥各自的优势,对非线性、时变、强约束、大滞后工业过程的控制提供了一个很好的解决方法。图 9-24 为神经网络预测控制模型,其中神经网络预测器建立了非线性被控对象的预测模型,利用该预测模型,可由当前的控制输入 $u(t)$,预测出被控系统在将来一段时间内的输出值 $y(t+j)=yd(t+j)-y(t+j\mid t)$,则非线性优化器将使该式所示的二次型性能指标极小,以得到合适的控制作用 $u(t)$。

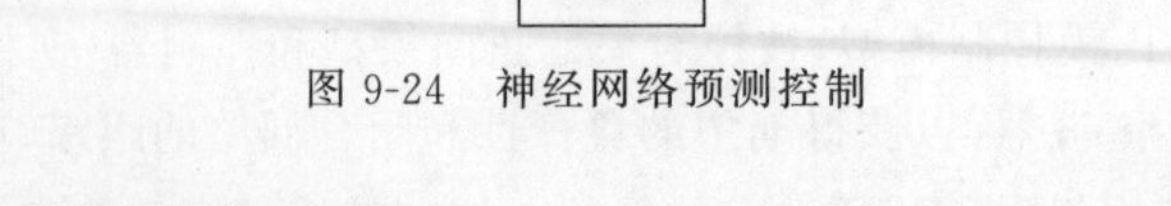

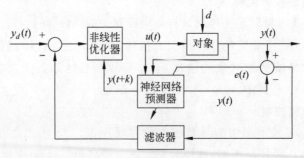

图 9-24　神经网络预测控制

### 6. 神经网络自适应评判控制

在上述各种神经网络控制结构中,都要求提供被控对象的期望输入,这种方法称为监督学习,但在系统模型未知时,有时只能定性地提供一些评价信息,基于这些定性信息的学习算法称为再励学习。神经网络自适应评判控制就是基于这种再励学习算法的控制。

神经网络自适应评判控制通常由两个网络组成,如图 9-25 所示。

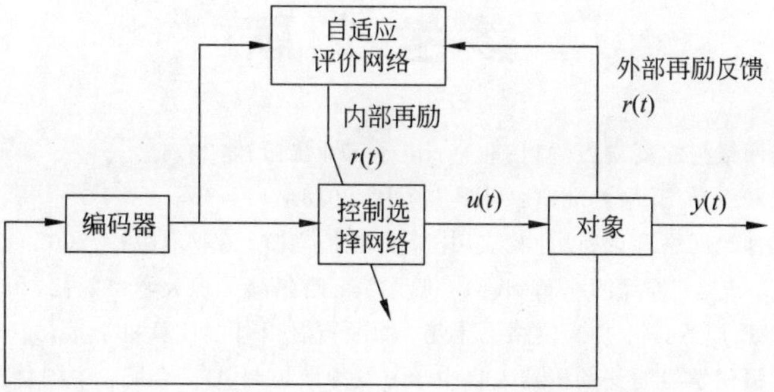


图 9-25　神经网络自适应评判控制

其中自适应评价网络相当于一个需要进行再励学习的"教师"。其作用为,一是通过不断的奖励、惩罚等再励学习方法,使其成为一个"合格"的教师;二是在学习完成后,根据被控系统当前的状态及外部再励反馈信号 $r(t)$,产生一再励预测信号,进而给出内部再励信号,以期对当前控制作用的效果进行评价。控制选择网络的作用相当于一个在内部再励信号指导下进行学习的多层前馈神经网络控制器,该网络在学习后,将根据编码后的系统状态,在允许控制集中选择下一步的控制作用。

# 参考文献

[1] 吴岸城. 神经网络与深度学习[M]. 北京：电子工业出版社，2016.

[2] 王晓梅. 神经网络导论[M]. 北京：科学出版社，2018.

[3] 韩力群. 人工神经网络理论、设计及应用[M]. 北京：化学工业出版社，2007.

[4] 丁士圻，郭丽华. 人工神经网络基础[M]. 哈尔滨：哈尔滨工程大学出版社，2008.

[5] 焦李成，杨淑媛，刘芳，等. 神经网络七十年：回顾与展望[J]. 计算机学报，39(8)：1697-1716.

[6] 陈春林. 基于强化学习的移动机器人自主学习及导航控制[D]. 合肥：中国科技大学，2006.

[7] 李琼，郭御风，蒋艳凰. 基于强化学习的智能 i/O 调度算法[J]. 计算机科学与工程，2010. 7：58-61.

[8] 张水平. 策略强化学习算法在互联电网 agc 最优控制中的应用[D]. 广州：华南理工大学，2013.

[9] 陈兴亮，李永忠，于化龙. 基于 IPMeans-KELM 的入侵检测算法研究[J]. 计算机工程与应用，2016，52(22)：118-122.

[10] 祖丽楠. 多机器人系统自主协作控制与强化学习研究[D]. 长春：吉林大学，2007.

[11] 魏海军. 基于高斯回归的连续空间多智能体强化学习算法研究[D]. 长沙：中南大学. 2013.

[12] 高阳，陈世福，陆鑫. 强化学习研究综述[J]. 自动化学报，2004. 30(1)：86-100.

[13] 蒋国飞，高慧琪. Q 学习算法中网格离散化方法的收敛性分析[J]. 控制理论与应用，1999：194-198.

[14] 蒋国飞，吴沧浦. 基于 Q 学习算法和 BP 神经网络的倒立摆控制[J]. 自动化学报，1998. 24(5)：662-666.

[15] 陈兴国. 基于值函数估计的强化学习算法研究[D]. 南京：南京大学，2013.

[16] 范宇辰. 一种基于极限学习机的分类器及其应用研究[D]. 沈阳：东北大学，2014.

[17] 李小冬. 核极限学习机的理论与算法及其在图像处理中的应用[D]. 杭州：浙江大学，2014.

[18] 何敏，刘建伟，胡久松. 遗传优化核极限学习机的数据分类算法[J]. 传感器与微系统，2017，36(10)：141-143.

[19] 李军，李大超. 基于优化核极限学习机的风电功率时间序列预测[J]. 物理学报，2016，65(13)：33-42.

[20] 马萌萌. 基于深度学习的极限学习机算法研究[D]. 青岛：中国海洋大学，2015.

[21] 魏洁. 深度极限学习机的研究与应用[D]. 太原：太原理工大学，2016.

[22] 康松林，刘乐，刘楚楚，等. 多层极限学习机在入侵检测中的应用[J]. 计算机应用，2015，35(9)：2513-2518.